钩针编织的新世界

奇妙的钩针编织 2

Wonderful Crochet

日本宝库社　编著

如鱼得水　译

河南科学技术出版社

·郑州·

‖ 目 录 ‖

奇妙的 钩针编织花样

下面介绍的是用钩针编织出的不可思议的花样。

从图解（编织符号图）来看，只是将一些基础针法排列在一起，

但如果编织出来，就会形成令人惊叹的立体花样。

※请大家参照"要点课程"，
掌握不同针法的挑针方法和织片的翻转方法等要点

Almond Stitch
杏仁针

挑起前两行或几行下方的针目，钩织短针，使用钉子针（Spike Stitch）的技法，钩织杏仁形状的花样。
在椭圆形和边缘换色钩织，让编织花样呈现出更好的效果。

作品 >p.6、7

样片

图解

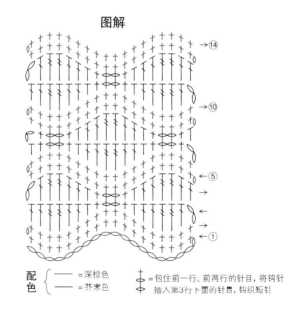

配色 { —— =深棕色
—— =芥末色

┿ = 包住前一行、前两行的针目，将钩针
插入第3行下面的针目，钩织短针

Frill Stitch

花边针

扇形的花边互相错开着排列在一起。
花边由长针的反拉针编织而成，每行都要钩织狗牙针来装饰，提升了立体感。

作品 >p.8、9

样片	图解

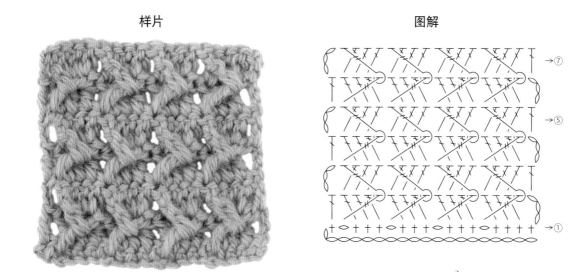

配色 { —=深棕色
—=浅褐色 }

Zigzag Stitch

锯齿针

2行编织的锯齿针。在前一行交叉的长长针上编织拉针，就形成了清晰的锯齿状花样。
通过交叉针目形成镂空效果，看起来更加清爽。

作品 >p.10、11

样片	图解

A

重复编织3种颜色的花样
时尚祖母包

色彩丰富的织片让人心情愉悦。
花样看起来很有匠心，
只需要每2行换色一次即可，
非常简单。

设计：西村知子
毛线：芭贝
编织方法：p.48

B

只需将织片折叠起来
雅致的手拿包

编织长方形织片即可。
针目密集的花样，
一片就足以做成一个结实的包包。
深棕色线条强化了花样的效果。

设计：西村知子
毛线：芭贝
编织方法：p.50

C

配色巧妙，引人注目
律动感花边围巾

从中央向两边编织花边。
用马海毛线编织的富有立体感的轻柔织片。
颜色有一种对称之美，且有韵律。

设计：冈 真理子
制作：内海理惠
毛线：和麻纳卡
编织方法：p.52

D

装饰手腕的
淑女风半指手套

在手腕处钩织的荷叶边，带着几分古典风情。
自然风情的颜色，散发着恰到好处的可爱气息。
主体是基础花样，容易编织，方便佩戴。

设计：冈 真理子
毛线：和麻纳卡
编织方法：p.54

E

用夏季线材钩织清凉的
镂空花样手拎包

用和纸钩织的手拎包给人清爽的感觉。
因线材有弹性，编织的花样凹凸有致。
清晰的镂空花样，和冬季毛线的效果截然不同。

设计：冈 真理子
制作：内海理惠
毛线：达摩手编线
编织方法：p.56

F

锯齿状花样的
简约的单圈围脖

用松捻的粗线钩织，增加花样的凹凸感。
针目鼓鼓的，
突出了锯齿状花样的立体感。

设计：冈 真理子
制作：内海理惠
毛线：达摩手编线
编织方法：p.58

用米色线编织也很适合，
可以提亮肤色。
轻便的围脖，
一直可以戴到初春。

Strawberry Stitch

草莓针

在爆米花针的头部钩织3针长针并1针作为果蒂，就形成了草莓花样。

注意换线钩织，在3针并1针之后再钩织1针锁针，这样草莓花样看起来会比较紧实、美观。

作品 >p.14、15

样片

图解

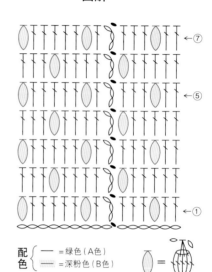

配色 { —— =绿色（A色）
　　　 =深粉色（B色）

要点课程

※下面的解说中，蓝色是A色线，米色是B色线

1

用A色线钩织锁针起针，然后引拔成环形。第1行先立织3针锁针，钩织1针未完成的长针。

2

将A色线从前面挂到钩针上，然后用B色线引拔，完成换线。

3

将B色线挂在钩针上。

4

一边包住A色线，一边用B色线钩织5针长针。第5针最后引拔时，换为A色线。

5

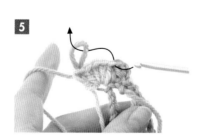

将钩针上的线圈拉大，取下钩针。

6

按照步骤**5**的箭头方向，将钩针插入第1针长针，然后插入刚刚编织的针目。直接将针目拉出。

钩织1针锁针。

钩针挂线,插入步骤4中第1针和第2针长针之间,钩织未完成的中长针(步骤9图中的1)。

继续挂线,插入第2针和第3针长针之间,钩织未完成的中长针(步骤10图中的2)。

钩针再次插入第3针和第4针之间,钩织未完成的中长针(步骤11图中的3)。

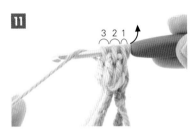

钩针挂线,从针上的7个线圈中一次性引拔出。

完成引拔。继续钩织1针锁针。

完成了1个草莓。继续挂线。

一边包住B色线,一边用A色线钩织1针长针。

继续包住B色线钩织长针,在下一个草莓花样之前换色。重复步骤2~15,按照图解钩织第1行。

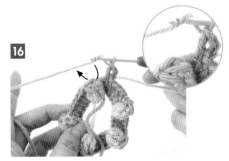

第2行先立织3针锁针,然后一边包住B色线,一边钩织长针。

挑起草莓上的针目时,将钩针插入步骤12图中的☆针目(3针中长针并1针的头部),钩织长针。

长针钩织完成,继续按照图解钩织。

G

草莓是主角
草莓拉链包

上面是满满的草莓花样，
就像一个个鼓鼓的小靠垫，很可爱。
织片很密实，所以没有里布也可以。

设计：今村曜子
毛线：和麻纳卡
编织方法：p.60

H

适合成人的配色
双色手拎包

用白色和藏青色线编织草莓花样，
包底设计成圆形，很适合成人使用。
包口周围钩织反短针，加入了适当的变化。
提手设计成圆柱形，很结实。

设计：今村曜子
毛线：和麻纳卡
编织方法：p.62

Picot Frill Stitch
狗牙花边针

在长针为基础的斜向网格花样上，加入心形的狗牙花边针。

这里的狗牙花边针，可以逐行错开前后位置，也可以让它们统一出现在一面，以增加织片的立体感。

作品 > p.20、21

样片

图解

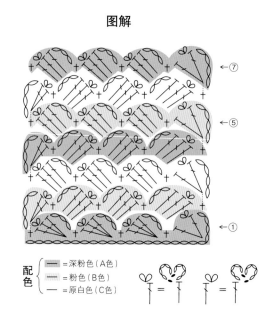

配色 { — = 深粉色（A色）
— = 粉色（B色）
— = 原白色（C色） }

要点课程

※下面的解说中，蓝色是A色线，米色是B色线，粉色是C色线

1 第1行用A色线起针。第1针的狗牙花边针先钩织5针锁针，然后如图所示将钩针插入长针头部的前面半针和根部的1根线。

2 挂线并引拔。

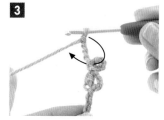

3 再钩织5针锁针，将钩针如箭头所示插入做引拔，钩织狗牙针。继续按照图解钩织。

4 第1行的最后1针将A色线从前面挂到钩针上，然后用B色线引拔，完成换线。

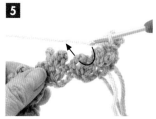

5 完成第2行的第1个花样后，整段挑起前一行的锁针，钩织短针。

6 前一行的狗牙花边针出现在织片前面。

7 第2行最后1针将B色线从后面挂到钩针上（为了让线头出现在反面），用C色线引拔，完成换线。重复此步骤。

8 按照图解钩织的话，织片的正面和反面交错着出现狗牙花边针。如果想让狗牙针只出现在正面，要用手指将狗牙针从反面拨到正面。

狗牙花边针全部出现在正面。

Peacock Stitch

孔雀针

这种针法的外观很像孔雀的尾巴，也有些像菠萝花。
它通过增加或减少长针的正拉针完成的。注意，往返编织时，反面行需要钩织反拉针。

作品 >p.22、23

样片

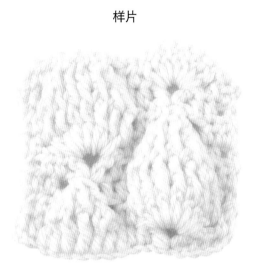

图解

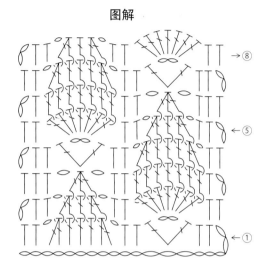

Basket Weave Crochet 1

白桦波纹针1

像树皮一样的花样纵横交错，它也是网格针的一种，而且，是非常简单的网格针。
重复钩织3针长长针的反拉针和正拉针即可。

作品 >p.25

样片

图解

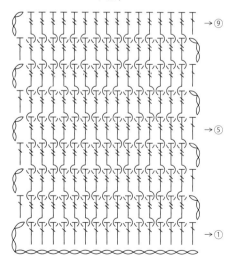

17

Lily Net Stitch

百合网眼针

很像风车的4瓣花朵花样是这种针法的魅力。立体花瓣是在第2行和第4行
整段挑起锁针钩成的。按顺时针方向翻转织片，下一行挑针变简单了。

作品>p.24、25

样片   图解

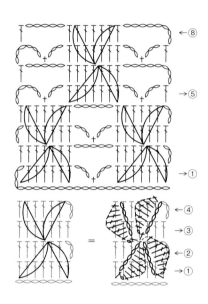

━━━━━━━━ 要点课程 ━━━━━━━━

1 第1行挑起锁针起针的里山，按照图解钩织。第2行从第3针长针开始继续钩织5针锁针。

2 如箭头所示，将钩针从织片后面插入起针的里山（第1行端头）。

3 插入后的样子。挂线并拉出，钩织短针。

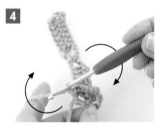

4 继续钩织1针锁针（立织），顺时针方向转动织片。

5 织片转好了。整段挑起5针锁针，按照编织符号图钩织花片。

6 继续钩织5针锁针，如箭头所示将钩针插入起针的里山（端头第7针长针的底部）。

7 插入后的样子。挂线并拉出，钩织短针。

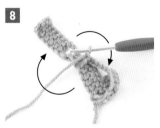

8 继续按照步骤**4**、**5**的方法转动织片，钩织花片。

9 将钩针上的线圈拉大，取下钩针。顺时针方向转动织片，将第1片花瓣倒向前面。将钩针插入第2行第3针的长针头部，然后插入刚刚编织的针目。

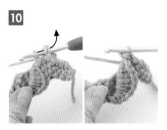

10 直接将针目拉出。从第4针长针开始，继续按照图示钩织。

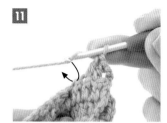

11 第3行也按照图解钩织。第4针受前一行针目影响，针目比较小，挑针时不要忘记。

12 钩好第4针长针的状态。第5针的前一行针目较小，挑针时不要忘记。

13 第4行立织3针锁针，如箭头所示转动织片，翻到正面。

14 织片转好了。

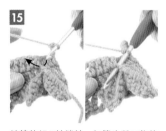

15 继续钩织5针锁针，如箭头所示将钩针插入前一行长针的第4针中，钩织短针。

16 继续钩织1针锁针（立织），顺时针方向转动织片，按照步骤**4**、**5**的方法钩织。

17 取下钩针，如箭头所示按照步骤**9**、**10**的方法将钩针插入立织的第3针锁针的里山（除端头以外是长针头部）。

18 如箭头所示在花瓣右端转动钩针，不要让线绕到钩针上。钩针重新插入步骤**17**取下来的针目，将其拉出。

19 继续钩织5针长针、5针锁针。

20 如箭头所示将钩针插入前一行长针第4针和步骤**15**的短针之间。

21 钩织短针。

22 按照步骤**4**、**5**的方法钩织，按照步骤**9**、**10**的方法将针目拉出，从第7针长针开始按照图解钩织。

23 完成了1朵花。

24 按照相同方法钩织第2朵花。从第5行开始按照图解钩织。

双重钩织,正反两面的花样有着恰到好处的平衡感,戴上也挺引人注目。

I

花边出现在正反两面
双面长围脖

正反两面均钩织狗牙针,
双色配色编织。
逐行换色做往返编织,
无须断线即可完成。

设计:岸 睦子
毛线:和麻纳卡
制作:加藤明子
编织方法:p.64

J

正面布满花边的
花漾束口袋

狗牙针全部出现在织片正面，
整体效果非常华美。
袋口钩织网眼针，穿绳系紧。

设计：岸 睦子
毛线：芭贝
编织方法：p.66

K

蓬松柔软的羽毛花样
雀尾花马海毛围脖

雀尾花样错开着排列。
织片富有立体感，单层也很暖和。
色泽优美的绿色让马海毛看起来更加温暖。

设计：风工房
毛线：芭贝
编织方法：p.68

L

单色花样也很显眼
雀尾花护腕

用单色平直毛线钩织出
棱角分明的编织花样，
非常有存在感。
这款护腕很快就可以织好，
既保暖又时尚，推荐大家尝试。

设计：风工房
毛线：芭贝
编织方法：p.69

M

花朵边缘的
三角形镂空披肩

披上这款三角形披肩，如同将原野上的野花戴在了身上。
镂空花样为主体花样，
边缘钩织花朵花样，相得益彰。

设计：横山加代美
毛线：和麻纳卡
编织方法：p.70

N

张弛有度的花朵 + 镂空编织
百合盛开的盖毯

主体上装饰着百合网眼针，
边缘钩织白桦波纹针，
充分展示了编织的乐趣。
盖毯的主体和边缘连在一起钩织，
钩织结束，作品完成。

设计：横山加代美
毛线：芭贝
编织方法：p.73

Puff Stitch
泡芙针

5针中长针的枣形针每一行都换一个角度钩织形成的泡芙针。钩织枣形针的时候，不是从前一行针目的头部挑针，
而是挑起相邻锁针的1根线，这样枣形针就只出现在织片正面。这种方法钩织出的织片比较厚实。

作品>p.30、31

样片

图解

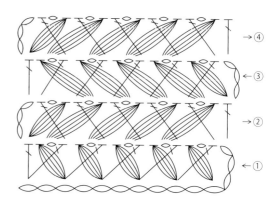

→④

←③

→②

←①

要点课程

第1行立织3针锁针，从起针的端头开始的第3针钩织长针。钩织1针锁针，挂线。

一边包住长针，一边将钩针插入起针端头的针目，钩织5针未完成的中长针。钩针再次挂线，一次性引拔出。

钩好了5针中长针的枣形针。继续按照图解钩织第1行。

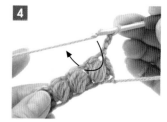

第2行立织3针锁针，钩针挂线，将钩针插入前一行端头第4针长针的头部，钩织长针。

钩织1针锁针，挂线，插入前一行端头长针的头部，一边包住步骤**4**的长针，一边钩织5针中长针。

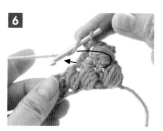

继续按照步骤**4**的方法钩织1针长针、1针锁针。挂线，整段挑起前一行的锁针。

钩织5针中长针的枣形针。

按照图解钩织至第2行最后。重复上述操作。

Basket Weave Crochet 2

白桦波纹针2

斜向格子花样的白桦编织，是将3卷长针的正拉针交叉形成的。

不编织，跳过针日，斜向编织，就成了双层花样。

作品 >p.29

样片   图解

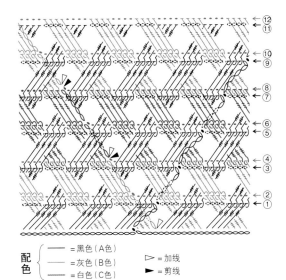

配色 {
— = 黑色（A色）
— = 灰色（B色）
— = 白色（C色）
}

▷ = 加线
► = 剪线

要点课程

※下面的解说中，蓝色是A色线，米色是B色线，粉色是C色线

1

第1行按照图解用A色线钩织，休针（取下钩针，别上记号圈）。

2

第2行将第1行倒向前面，在指定位置挑起起针的里山，换B色线钩织。钩织5针锁针（立织），在钩针上挂3次线，钩织3卷长针。

3

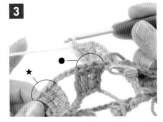

跳过●处的针目，★处的4针钩织引拔针。

4

在针上挂3次线，回到前面，从织片后面挑起▲处的针目钩织4针3卷长针。

5

因为钩织时跳过了●处的针目，所以第1行的针目是斜的。

6

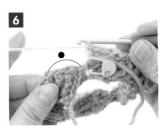

继续按照图解重复钩织4针引拔针、4针3卷长针。第1行的针目和线在织片前面休针，●处的4针钩织引拔针。

7

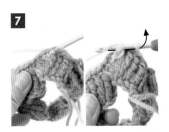

第2行编织终点的引拔针从第1行将第2行立织的第5针拉到前面，钩织引拔针，休针。

8

第3行将钩针重新插入第1行的针目（步骤 **1** 中的休针），钩织5针锁针（立织），在钩针上挂3次线。

9

挑起第1行的针目，按照图解钩织。第2行的针目和线在织片前面休针。

10

第3行在编织终点休针。

11

第4行将钩针插回步骤**7**的针目，钩织5针锁针（立织），在钩针上挂3次线。

12

第2行钩织3针3卷长针的正拉针。

13

和步骤**3**相同，跳过步骤**12** ●处的针目，挑起第3行指定位置（步骤**12**的★处）的后面半针，钩织4针引拔针。

14

按照图解编织至终点，剪断配色线（B色），处理好线头。

15

钩针插回步骤**10**的针目，按照图解第5行钩织。

16

编织终点挂上记号圈，休针。

17

第6行也将第5行倒向前面，将钩针插入第4行立织的第5针锁针，换用C色线。

18

按照图解在第4行的针目上钩织3卷长针的正拉针。

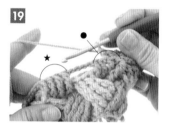

19

继续按照步骤**3**的方法跳过●处的4针，挑起第4行指定针目（★处）头部后面半针。

20

钩织4针引拔针，继续在钩针上挂3次线。

21

将第5行倒向前面，在第4行的针目上钩织3卷长针的正拉针。

22

钩织了4针3卷长针的正拉针。

23

继续挑起第5行指定针目头部的后面半针，钩织4针引拔针。

24

按照图解继续钩织。第6行最后的引拔针，按照步骤**7**的方法从第5行将第6行立织的第5针拉到前面，钩织引拔针。第7、8行按照步骤**8~14**钩织。

O

浓淡相宜的交叉花样
黑白灰色调的手提包

白桦编织适合选择
对比鲜明的配色。
黑色、灰色交叉花样中
搭配白色，
平添了几分明快之感。

设计：桥本真由子
毛线：和麻纳卡
编织方法：p.76

P

利用织片的厚度
双色条纹方形坐垫

泡芙针有一定的厚度，适合钩织方形坐垫。
每2行换一次颜色，
钩织类似三股辫的花样。
注意起针要松松的。

设计：风工房
毛线：和麻纳卡
编织方法：p.80

Q

单层也可以
单提手挎包

泡芙针富有立体感的质地，
让深海军蓝色的织片极具存在感。
宽宽的单提手也很有存在感，
整体造型简约大方。

设计：风工房
毛线：达摩手编线
编织方法：p.78

Cross Stitch

十字针

鱼鳞短针变化之一。基本针还是普通的短针，区别在于拉出线的方法。

将钩针插入前一行，从上向下转动针尖，然后钩住线拉出。

如此一来，拉出的线就扭转了，每一针都很像十字形花样。

作品 >p.34

样片

图解

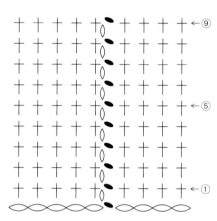

※拉线方法请参照下面的解说

要点课程

1

锁针起针，钩织引拔针连成环形，然后立织1针锁针。

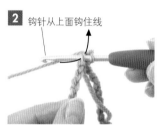

2 钩针从上面钩住线

将钩针插入里山，将针尖从上向下转动钩住线，直接拉出。

3 钩针从下面钩住线

再次挂线并引拔，钩织短针。

4

从第2行开始，将钩针插入前一行短针的头部，按照步骤**2**、**3**的方法钩织。重复至所需要的行数。

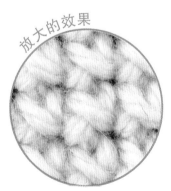

放大的效果

短针的底部交叉，形成十字形花样。用粗线编织，花样会更显眼。

Spiral Stitch
螺旋针

鱼鳞短针变化之二。基本针还是普通的短针，区别在于前一行针目的挑针方法。

立织锁针后，挑起前一行针目的前面半针和根部的1根线，钩织短针。

如此连续编织，会呈现不可思议的效果！织片竟然呈螺旋状扭转。

作品 > p.35

样片

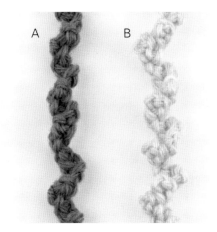

图解

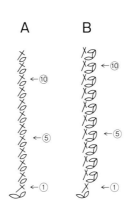

要点课程

螺旋针A（重复1针锁针和短针）

1

2

3

4

钩织1针锁针起针，立织1针锁针，钩织1针短针。

立织1针锁针，将钩针插入前一行短针的前面半针和根部的1根线。

挂线并拉出，钩织短针。

钩好了1针短针。重复步骤**2~4**。

螺旋针B（重复3针锁针和短针）

1

2

3

钩织第1行的短针后，钩织3针锁针。

按照**螺旋针A**步骤**2**的方法，将钩针插入前一行短针，挂线并拉出。再次挂线引拔，钩织短针。

边缘出现花边，重复步骤**1~3**。

花边

使用针目显眼的超级粗毛线钩织，会看到清晰的十字形花样，编织效果非常漂亮。

R

只需改变毛线的拉出方法
十字形花样斜挎包

扁平的包包，加上包带和流苏。
将短针的根部变成十字形花样，就是十字针。
它给简单的短针织片，带来一种微妙的感觉。

设计：桥本真由子
毛线：和麻纳卡
编织方法：p.82

S

只需改变挑针位置
手链、耳环、戒指

钩织一年四季可以佩戴的首饰三件套。
用纤细的蕾丝线钩织精巧的螺旋形花样。
使用光泽优良的丝线钩织，看起来会非常雅致。

设计：别珍
毛线：达摩手编线
编织方法：p.84

手链使用了螺旋针A、螺旋针B两种针法。

Star Stitch

星星针

钩织很多锁针，直至编织终点前面一行。
然后将锁针交叉，形成星星花样。织片看起来很密实。

作品 >p.38、39

样片

图解

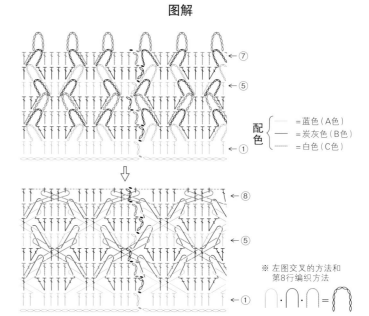

配色 { ─── =蓝色（A色）
─── =炭灰色（B色）
─── =白色（C色）

⇩

※ 左图交叉的方法和
第8行编织方法

要点课程

※下面的解说中，蓝色是A色线，褐色是B色线，米色是C色线

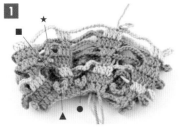

1 按照图解钩织7行。第7行最后引拔时，换用第8行要用的线引拔，挂上记号圈，休针。

2 将钩针从左侧的锁针圈（▲）插入右侧的锁针圈（●），拉出，让第1行的锁针圈呈十字形交叉。

3 拉出后的样子。

4 然后将钩针插入第2行的锁针圈（■），从步骤3的锁针圈（●）中拉出。

5 继续将第3行（★）从第2行的锁针圈（■）中拉出。

6 从步骤5的锁针圈中取下钩针，休针（为避免交叉花样松散，挂上记号圈）。再将钩针从第2行右边的锁针圈插入▲标记的锁针圈。

休针

拉出第2行的线圈。

拉出第3行的线圈。

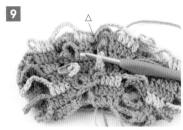

完成了1个星星花样。△处的锁针圈也按照步骤**6**的方法挂上记号圈，休针。重复步骤**2~9**，将第1~3行的锁针圈全部拉出。

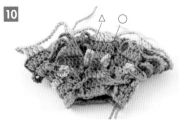

继续拉出第3~5行的锁针圈。

和第1行相同，将第3行的锁针圈（○和△）交叉着拉出。按照步骤**4~9**的方法，每3行拉出一次，形成编织花样。

将全部锁针圈拉出。（为避免交叉花样松掉，挂上记号圈。）

第8行的编织终点，将钩针插回第7行的针日，钩织立织的锁针和长针。第3针将钩针插入交叉花样的左侧锁针圈，将线拉出。

短针

钩织短针。继续挂线。

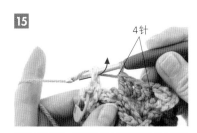

4针

钩织4针长针，将钩针插入交叉花样的右侧锁针圈，将线拉出。

2针

钩织短针。后面的2针长针在交叉花样的后面钩织。

钩织了2针长针。

按照相同要领看着图解钩织。

T

帽顶通过调整花样来减针
星星花条纹帽

用棕色线钩织星星花样，
很容易搭配衣服。
最后5行减针，收紧帽顶。
帽口钩织正拉针和反拉针，
形成罗纹风情。

设计：桥本真由子
毛线：和麻纳卡
编织方法：p.88

U

编织花样等针直编成桶状
单肩小水桶包

炭灰色为底色，
在上面交错着编织两种颜色的星星花样。
用皮革作包底，
包身不需加减针地编织花样。
包口的抽绳穿在最后的星星花样反面即可。

设计：桥本真由子
毛线：和麻纳卡
编织方法：p.86

蛋卷针

两种颜色的线各钩织一行，像方眼针那样逐行钩织。前后长针的位置错开1针，
一边包住前一行的锁针，一边钩织，因此花样呈纵向线条。包住钩织，还让织片变成了双层。

作品 >p.41

| 样片 | 图解 |

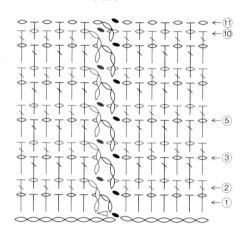

配色 { — =淡绿色（A色）
　　　 — =红色（B色） }

▷ = 加线

⊤ 、⊤ =包住前一行的
　　　　锁针钩织长针

要点课程

※下面的解说中，蓝色是A色线，米色是B色线

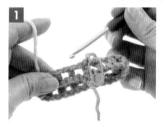

1 用A色线钩织，第1行按照图解挑起锁针的里山，环形钩织。立织1针第3行的锁针，休针。

2 第2行换用B色线钩织，挑起第2针的里山，加线。

3 直接在织片前面钩织立起的3针锁针和后面1针锁针。

4 后面的长针一边包住前一行的锁针，一边挑起起针的里山钩织。

5 第2行最后钩织引拔针时，将前一行的休针放在前面，A色线放在后面引拔，钩织1针锁针，休针。

6 第3行换用A色线，将钩针插回第1行的休针，钩织立起的剩余2针锁针和后面的1针锁针。

7 后面的长针将前一行的休针放在前面，B色线放在后面，将钩针插入前2行的长针，包住前一行的锁针钩织。

8 按照图解钩织至最后。第3行织好了。重复上述步骤。

V

用粗线编织
蛋卷针毛线筐

毛线筐可以用来装常用的毛线。
用两种颜色钩织，让针目重叠在一起。
针目分明，形状挺括。
正反面都很好看。

设计：西村知子
毛线：达摩手编线
编织方法：p.90

W

用鲜艳的颜色钩织
蛋卷针水杯套

水杯套的颜色很醒目，
放在桌子上很好看。
厚度适中的织片，
摸起来很舒服，保暖性也很好。

设计：西村知子
毛线：达摩手编线
编织方法：p.85

Ranran Stitch

圈圈引拔针

一个一个引拔圈圈针的线圈，就会形成很显眼的锁针花样。
直接引拔的话，是直线锁针花样；一左一右引拔的话，就会形成鲱鱼骨形状的花样。

作品>p.44、45

样片

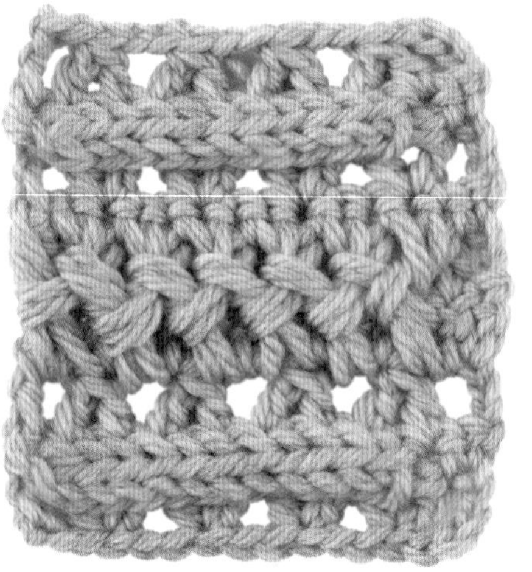

图解

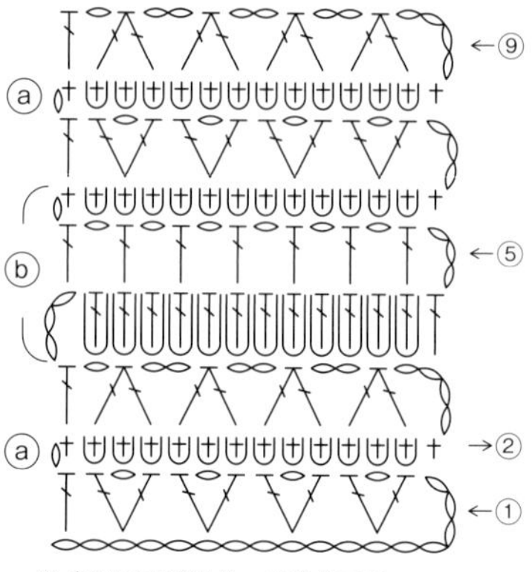

※ 有圈圈引拔针的一面当作正面

要点课程

短针的圈圈针

1

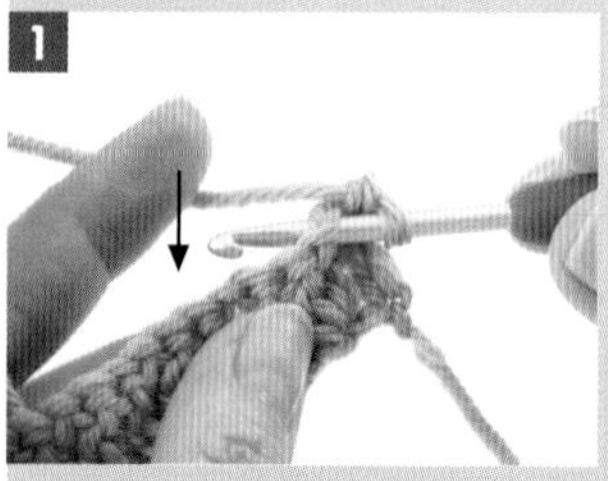

第1行按照图解钩织。第2行钩织1针短针，第2针将钩针插入前一行，左手中指压住线。

2

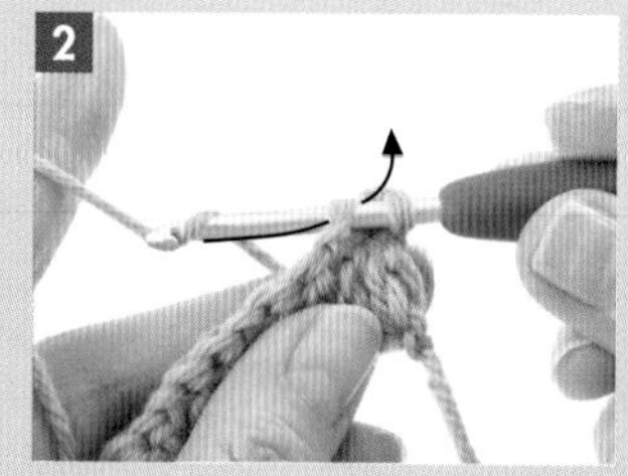

保持中指压线的状态，钩针挂线并拉出。

3

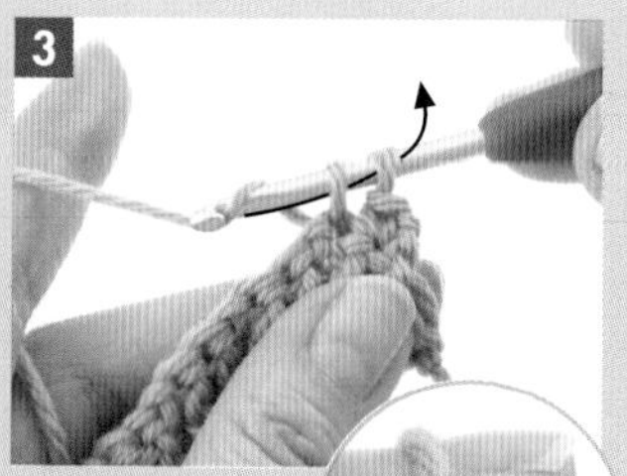

再次挂线并引拔。1针短针的圈圈针完成了。

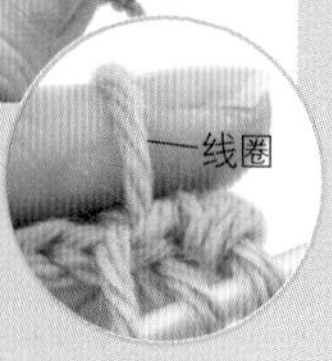

4

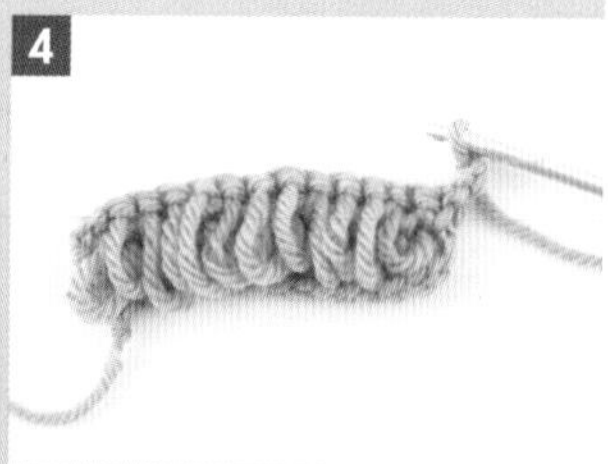

将中指从线圈中抽出。重复步骤**1~3**，钩织短针的圈圈针，端头针目钩织短针。圈圈出现在反面（图中是反面的状态）。

圈圈引拔针ⓐ

5

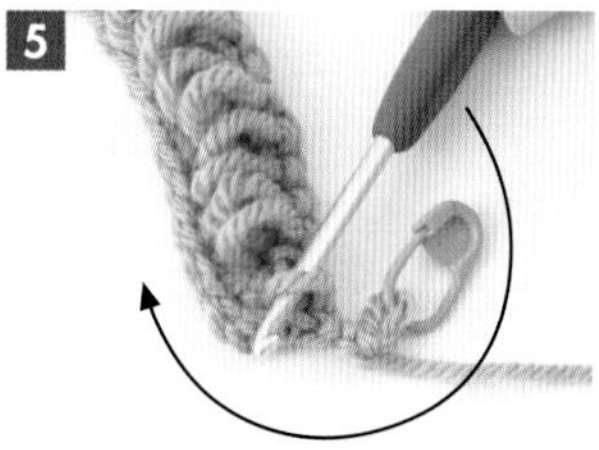

第2行编织终点挂上记号圈，休针。从后面将钩针插入圈圈针的线圈，如箭头所示扭转。

6

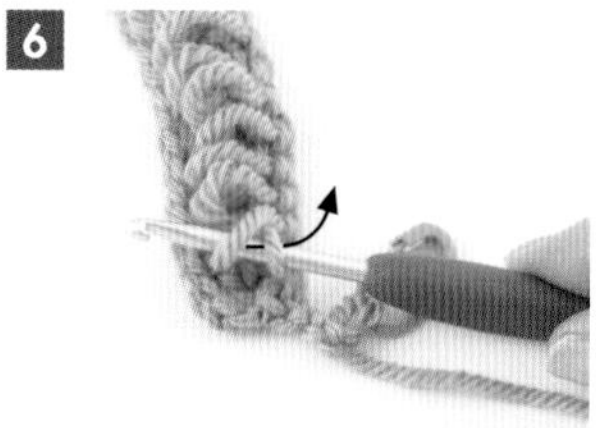

直接将钩针插入相邻线圈，并将其从前一个线圈中拉出。

7

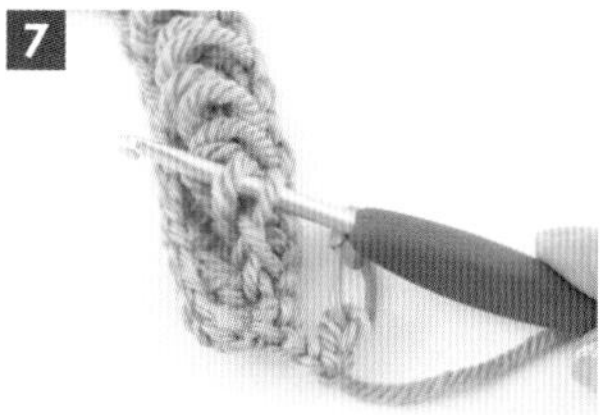

剩余的线圈也按照步骤**6**的方法钩织。

8

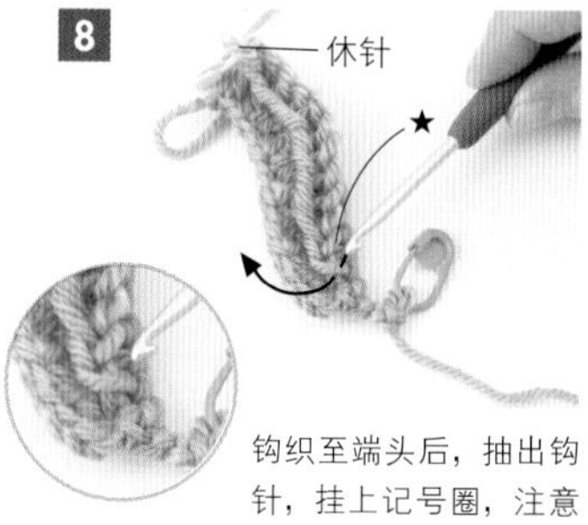

钩织至端头后，抽出钩针，挂上记号圈，注意不要让线圈变形。再次将钩针插入第1个线圈，如箭头所示扭转。

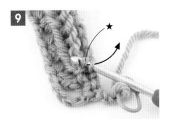

9 再次在引拔的右侧线圈中重复步骤**6**、**7**。

10 完成了圈圈引拔针ⓐ。

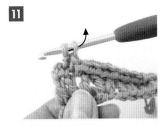

11 将钩针插入步骤**8**的休针中，然后将引拔的线圈拉出。

12 在拉出的线圈上挂上记号圈。

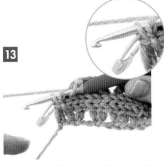

13 将钩针插回步骤**5**中第2行挂记号圈的针目，第3行按照图解钩织。编织终点挂线，依次将钩针插入前一行短针和步骤**12**中挂记号圈的针目。

14 钩织长针。第3行完成。

长针的圈圈针

15 第4行立织3针锁针，钩针挂线，整段挑起前一行第2针，用左手中指压住线。

16 保持中指压线的状态，在锁针中钩织长针的圈圈中。

17 圈圈出现在反面。抽出中指，重复步骤**15~17**。按照图解钩织第6行。

圈圈引拔针ⓑ

18 第6行编织终点挂上记号圈，休针。按照步骤**5**的方法，从后面将钩针插入第6行的2个线圈，扭转针目。

19 按照步骤**18**的箭头指示，将钩针插入第4行的2个线圈，引拔出。

20 继续将钩针插入第6行的2个线圈，引拔。

21 重复步骤**19**、**20**，第4行和第6行的圈圈针中完成了圈圈引拔针ⓑ。为了避免交叉的针目变形，挂上记号圈。

22 将钩针插回第6行休针的针目，第7行按照图解钩织。编织终点挂线。

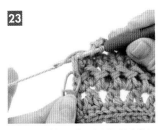

23 将钩针依次插入前一行的短针和挂记号圈的针目。

24 钩织长针。有圈圈引拔针的一面当作正面使用。

X

将织片横着用
纵条纹手提包

将两种圈圈引拔针织片横向环形钩织，
包身上就会出现纵向的条纹。
提手边缘钩织了一圈引拔针，
可以防止拉伸变形。

设计：岸 睦子
毛线：和麻纳卡
编织方法：p.92

只在帽顶减针
渐变色毛线帽

环形钩织，在帽顶减针收紧。
关键在于做往返的环形编织。
圈圈引拔针的线条是横向的。
用渐变色线钩织，
给人一种微妙的感觉。

设计：岸 睦子
毛线：芭贝
编织方法：p.94

‖本书使用的线材‖

除了单色平直毛线，还有渐变色以及蓬松的马海毛线等，书中的作品涉及多种颜色和材质，大家可以根据喜好改变线材，享受编织的乐趣。

※图中的毛线为实物粗细

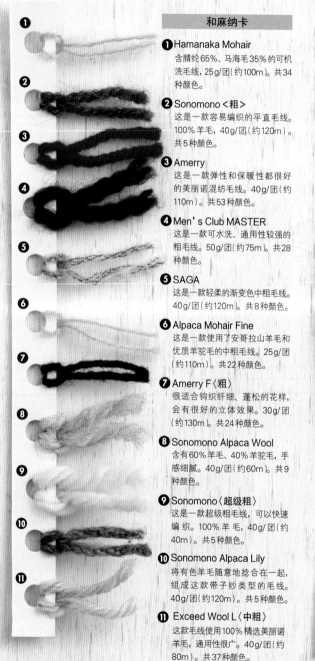

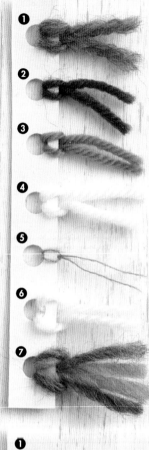

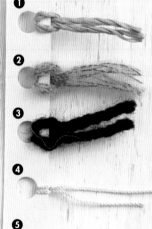

和麻纳卡

❶ Hamanaka Mohair
含腈纶65%、马海毛35%的可机洗毛线，25g/团（约100m）。共34种颜色。

❷ Sonomono〈粗〉
这是一款容易编织的平直毛线。100%羊毛，40g/团（约120m）。共5种颜色。

❸ Amerry
这是一款弹性和保暖性都很好的美丽诺混纺毛线。40g/团（约110m）。共53种颜色。

❹ Men's Club MASTER
这是一款可水洗、通用性较强的粗毛线。50g/团（约75m）。共28种颜色。

❺ SAGA
这是一款轻柔的渐变色中粗毛线。40g/团（约120m）。共8种颜色。

❻ Alpaca Mohair Fine
这是一款使用了安哥拉山羊毛和优质羊驼毛的中粗毛线。25g/团（约110m）。共22种颜色。

❼ Amerry F〈粗〉
很适合钩织纤细、蓬松的花样，会有很好的立体效果。30g/团（约130m）。共24种颜色。

❽ Sonomono Alpaca Wool
含有60%羊毛、40%羊驼毛，手感细腻。40g/团（约60m）。共9种颜色。

❾ Sonomono〈超级粗〉
这是一款超级粗毛线，可以快速编织。100%羊毛，40g/团（约40m）。共5种颜色。

❿ Sonomono Alpaca Lily
将有色羊毛随意地捻合在一起，组成这款带子纱类型的毛线。40g/团（约120m）。共5种颜色。

⓫ Exceed Wool L〈中粗〉
这款毛线使用100%精选美丽诺羊毛，通用性很广。40g/团（约80m）。共37种颜色。

芭贝

❶ British Eroika
这是一款使用英国羊毛纺成的毛线，色彩丰富。50g/团（约83m）。共35种颜色。

❷ Shetland
这是一款含100%英国设得兰羊毛的平直毛线。色彩优美，40g/团（约90m）。共35种颜色。

❸ Princess Anny
这是一款100%使用美丽诺防缩水羊毛的粗毛线。40g/团（约112m）。共35种颜色。

❹ Queen Anny
这是一款中粗毛线，有着柔软的弹性和优良的色彩。颜色品种颇丰，50g/团（约97m）。共55种颜色。

❺ Kid Mohair Fine
这是一款含有超级小马海毛的极细毛线。柔软、质轻，极富魅力。25g/团（约225m）。共28种颜色。

❻ Boboli
这是一款羊毛、马海毛、真丝混纺的粗毛线。带着优良的光泽，很引人注目。40g/团（约110m）。共15种颜色。

❼ MULTICO
这是一款色泽优良的段染线，中粗的洛皮毛线。40g/团（约80m）。共7种颜色。

※图中是2根线

达摩手编线

❶ SASAWASHI
这是以大叶竹为原料的和纸线，进行了防水处理。25g/团（约48m）。共15种颜色。

❷ 手纺䌷丝起毛线
将圈圈线进行起毛处理，然后捻合。30g/团（约58m）。共15种颜色。

❸ Cheviot Wool
这是韧性和蓬松度都很好、手感非常轻柔的英国羊毛线。50g/团（约92m）。共6种颜色。

❹ 真丝蕾丝线 30号
光泽优良、手感光滑的100%真丝材质的蕾丝线。20g/团（约148m）。共19种颜色。

❺ Falkland Wool
这是一款柔软、有弹性的毛线。50g/团（约85m）。共5种颜色。

❻ Merino Style 中粗
这是一款很适合初学者的美丽诺毛线。40g/团（约88m）。共19种颜色。

编织方法

编织者手劲儿的不同成品效果会略有差别。
参考作品的尺寸和编织密度，结合自己编织时带线的手劲儿，
适当调整钩针号数和毛线用量。
下面逐一介绍p.4~p.45作品的编织方法，
编织时请一并参照编织花样和编织方法中的要点课程。

※图中表示长度未标注单位的数字均以厘米（cm）为单位
※基础编织方法请参照p.97以后的讲解
※使用线、使用色可能会有部分已经停产，请知晓

时尚祖母包 p.6

材料和工具

芭贝 British Eroika 米色（200）135g，红色（116）、
橙色（186）各45g，紫色（183）40g

钩针7/0号

编织密度

10cm×10cm面积内：条纹花样18针，16.5行

成品尺寸

宽38cm，深24.5cm

编织要点

● 主体钩织锁针起针78针，钩织70行条纹花样。
  米色线不剪断线，纵线渡线。红色、橙色、紫
  色每2行剪断线。

● 包口从主体挑起86针，一边减针一边钩织6行
  短针。

● 侧边、提手从主体和包口挑针，钩织短针。提
  手钩织锁针起针，一边减针一边做环形的往返
  编织。

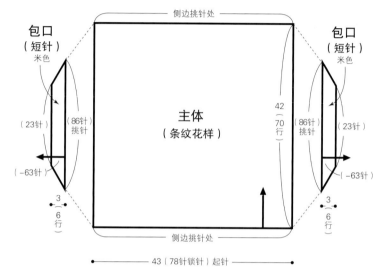

※ 全部使用7/0号针钩织

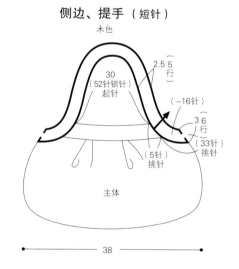

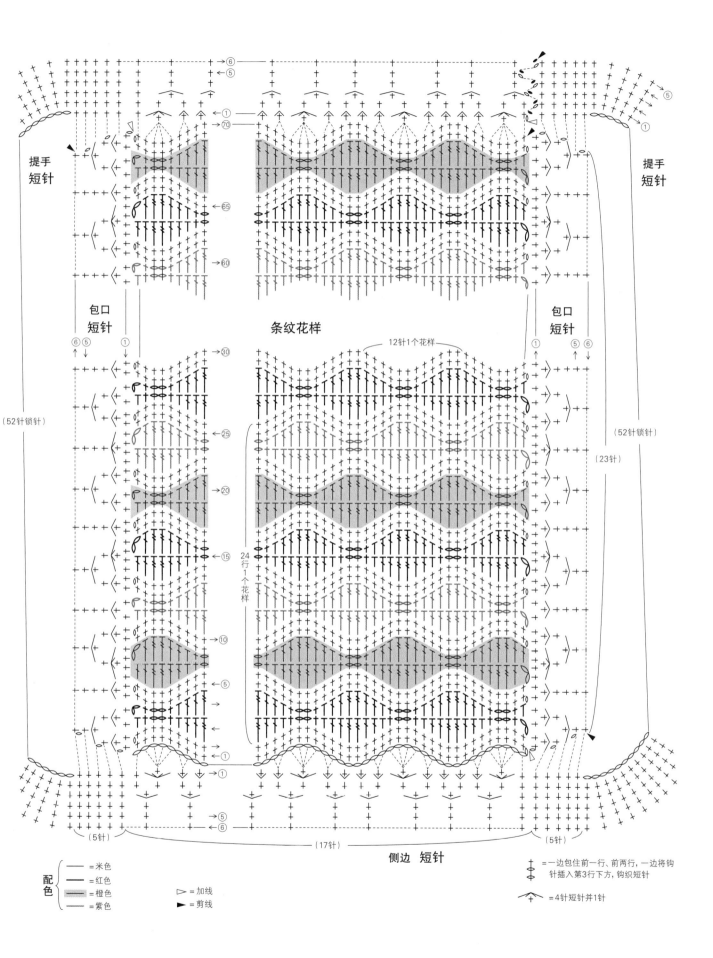

提手
短针

提手
短针

包口
短针

包口
短针

条纹花样

12针1个花样

24行1个花样

（52针锁针）

（52针锁针）

（23针）

（5针）

（17针）

（5针）

侧边 短针

配色 { ─ =米色
─ =红色
▨ =橙色
─ =紫色 }

▷ =加线
► =剪线

⧺ =一边包住前一行、前两行，一边将钩
针插入第3行下方，钩织短针

⋏ =4针短针并1针

49

B 雅致的手拿包 p.7

材料和工具

芭贝 Shetland 芥末色（2）、深棕色（3）各35g，
直径1.8cm的纽扣1颗
钩针5/0号

编织密度

10cm×10cm面积内：条纹花样21针，19.5行

成品尺寸

宽21cm，深12cm

编织要点

● 主体钩织锁针起针42针，钩织58行条纹花样。
● 边缘周围一边钩织1行边缘编织A，一边钩织6
  针锁针的纽襻。
● 在指定位置分别钩织1行边缘编织B作为侧边。
● 前后片对齐折叠，从反面做卷针缝缝合完成侧
  边。
● 缝上纽扣，完成。

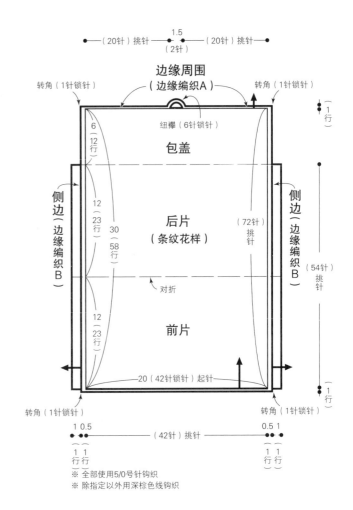

※ 全部使用5/0号针钩织
※ 除指定以外用深棕色线钩织

组合方法

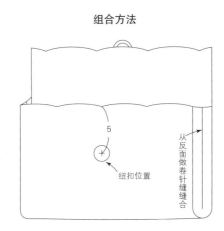

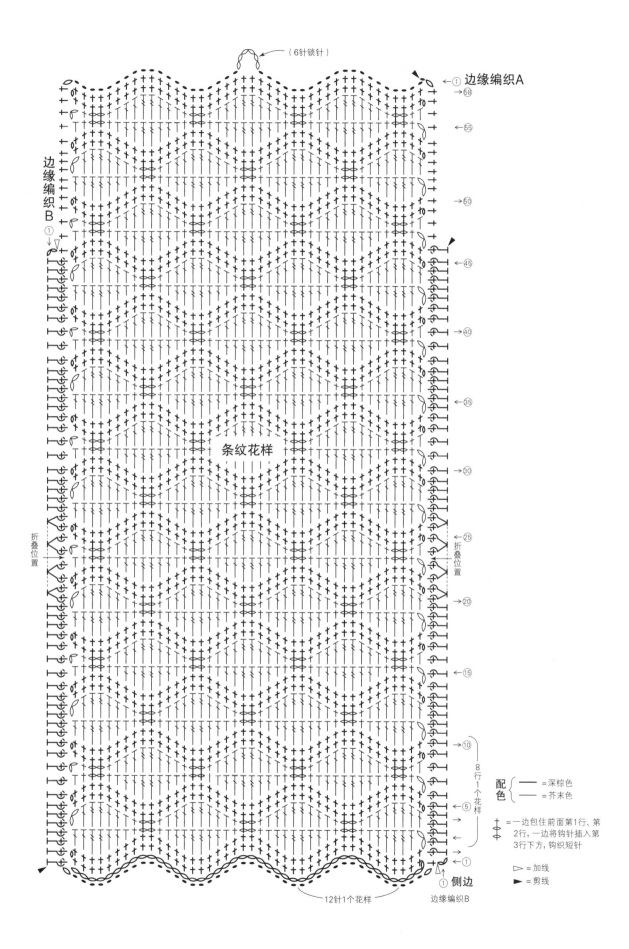

（6针锁针）

边缘编织A
→58

←55

→50

边缘编织B
←45

→40

←35

→30

→25
折叠位置

→20

←15

→10

8行1个花样

←5

条纹花样

折叠位置

边缘编织B
①

侧边

12针1个花样

配色 { —＝深棕色
       —＝芥末色

┼ ＝一边包住前面第1行、第
2行,一边将钩针插入第
3行下方,钩织短针

▷＝加线

►＝剪线

C 律动感花边围巾 p.8

材料和工具

和麻纳卡 Hamanaka Mohair 灰粉色(78)、原白
色(11)各70g
钩针5/0号、4/0号

编织密度

条纹花样A、B均为1个花样5.4cm，13行10cm

成品尺寸

宽17.5cm，长131cm

编织要点

◉ 钩织锁针起针385针，钩织12行条纹花样A。
◉ 从起针挑针，钩织11行条纹花样B。
◉ 两边钩织1行短针，整理形状。

围巾

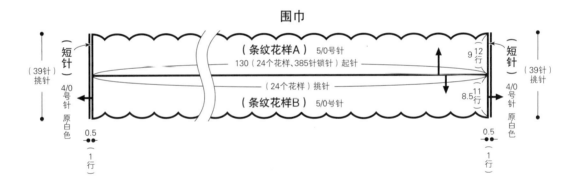

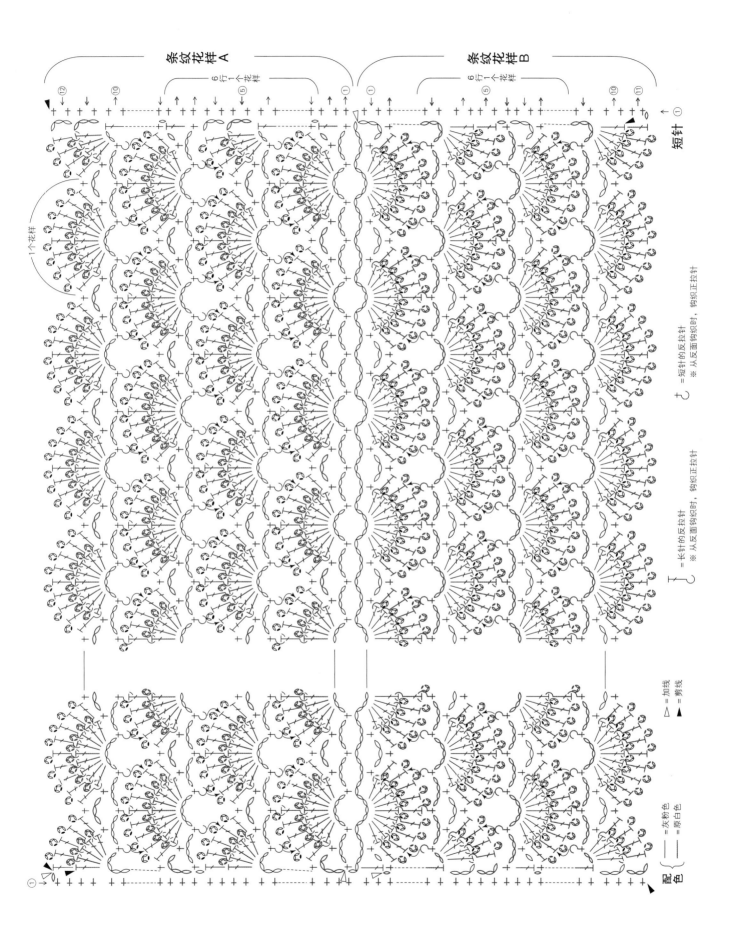

条纹花样A

6行1个花样

条纹花样B

6行1个花样

1个花样

短针

= 长针的反面反拉针
※ 从反面钩织时，钩织正拉针

= 短针的反面反拉针
※ 从反面钩织时，钩织正拉针

▷ = 加线
▲ = 剪线

配色 { — = 灰粉色
      — = 原白色

53

D 淑女风半指手套 p.9

材料和工具

和麻纳卡 Sonomono <粗> 深棕色（3）40g，浅
褐色（2）10g

钩针5/0号、4/0号

编织密度

10cm×10cm面积内：编织花样22针，11行；
条纹花样1个花样5cm，7行5cm

成品尺寸

掌围20cm，长17cm

编织要点

● 锁针起针44针，做12行编织花样。

● 侧边留出拇指开口，钩织引拔针和锁针接合。

● 手腕部分从起针挑起44针，环形钩织7行条纹
花样。深棕色线不剪断，纵向渡线。用浅褐色
线钩织时，每一行剪断一次。

● 手指部分挑起44针，环形钩织2行边缘编织。

● 拇指开口周围钩织1行短针，整理形状。

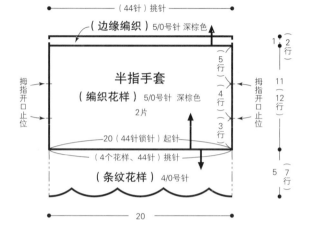

拇指口周围的编织方法和锁针接合

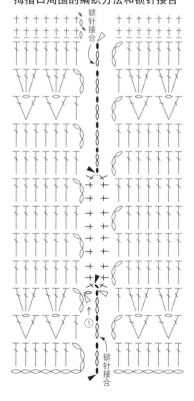

拇指口周围

（短针）5/0号针 深棕色

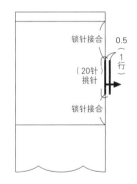

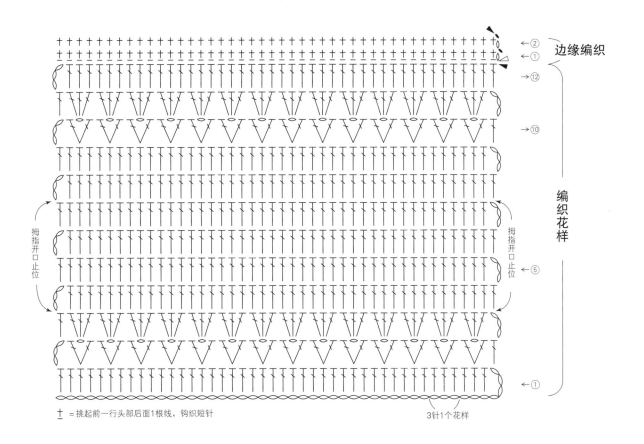

边缘编织

编织花样

拇指开口止位

拇指开口止位

←②
←①

→⑫

→⑩

←⑤

←①

十 = 挑起前一行头部后面1根线，钩织短针

3针1个花样

条纹花样

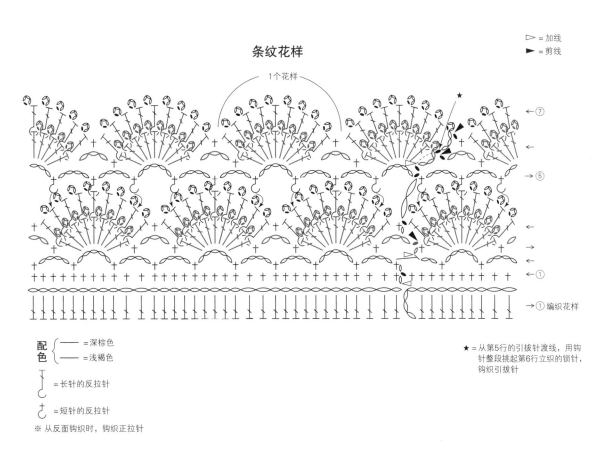

▷ = 加线
► = 剪线

1个花样

←⑦

→⑤

←①

→① 编织花样

配色 {
─ = 深棕色
── = 浅褐色
}

⟩ = 长针的反拉针

⟩ = 短针的反拉针

※ 从反面钩织时，钩织正拉针

★ = 从第5行的引拔针渡线，用钩针整段挑起第6行立织的锁针，钩织引拔针

E 镂空花样手拎包 p.10

材料和工具

达摩手编线 SASAWASHI 金黄色（16）125g
钩针6/0号、5/0号

编织密度

10cm×10cm面积内：编织花样16针，6.5行；
短针16针，15行

成品尺寸

宽25cm，深29cm

编织要点

● 锁针起针37针，包底钩织1行编织花样。

● 包身从包底挑针，做18行往返编织。

● 包口钩织3行短针。

● 提手在指定位置加线，挑针钩织72行短针。对
齐编织终点和包口处的相同标记，正、反面均
逐根挑起短针头部的1根线，卷针缝缝合一周。

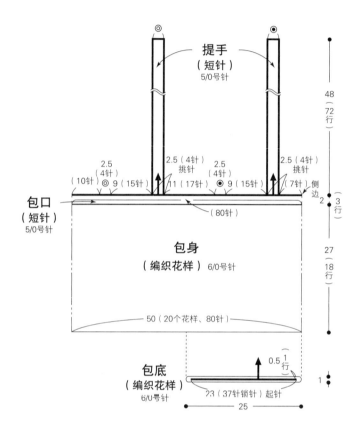

提手
（短针）
5/0号针

48
（72
行）

2.5
（4针）
（10针）

2.5（4针）
挑针

2.5
（4针）

2.5（4针）
挑针

◎ 9（15针）   11（17针）   ● 9（15针）   （7针）侧
边

2
（3
行）

包口
（短针）
5/0号针

（80针）

包身
（编织花样）6/0号针

27
（18
行）

50（20个花样、80针）

包底
（编织花样）
6/0号针

0.5
（1
行）

23（37针锁针）起针

1

25

组合方法

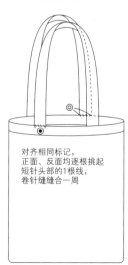

对齐相同标记，
正面、反面均逐根挑起
短针头部的1根线，
卷针缝缝合一周

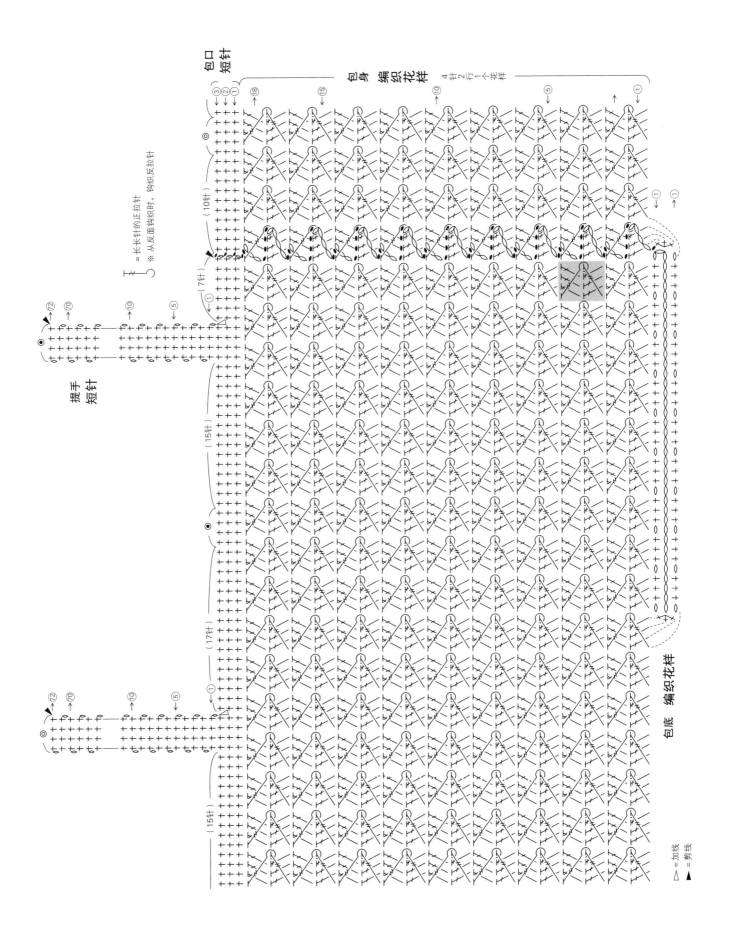

包口 短针

包身 编织花样

提手 短针

包底 编织花样

□ = 加线
▲ = 剪线

57

F 简约的单圈围脖 p.11

材料和工具

达摩手编线 手纺䌷丝起毛线 淡灰色(10)70g

钩针9/0号、7/0号

编织密度

10cm×10cm面积内：编织花样14针，7行

成品尺寸

颈围57cm，宽19cm

编织要点

● 锁针起针80针，做13行编织花样，做环形
   的往返编织。

● 钩织1行短针。

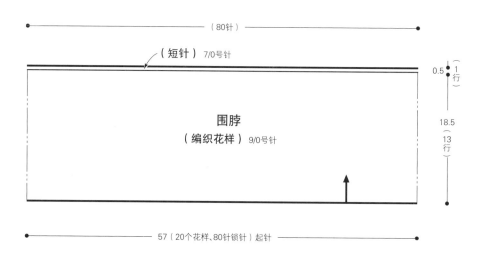

短针

编织花样

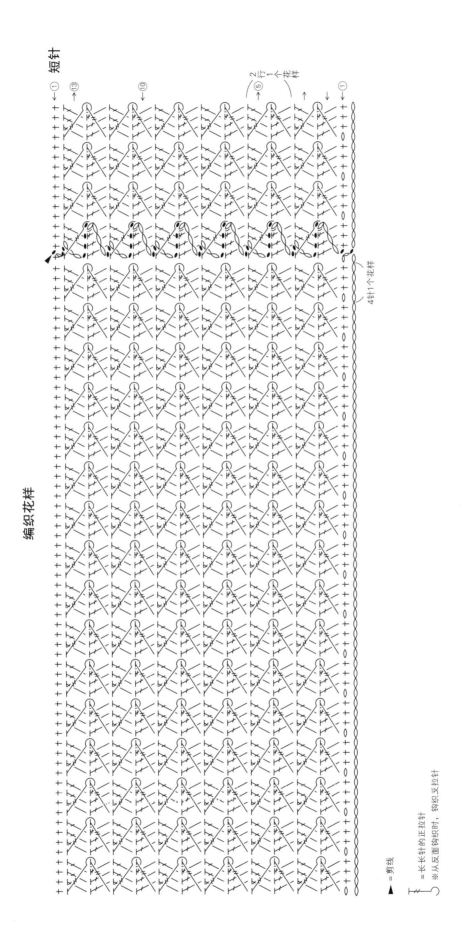

▲ =剪线

=长长针的正拉针

※从反面钩织时,钩织反拉针

G 草莓拉链包 p.14

材料和工具

和麻纳卡 Amerry 绿色（34）30g，深粉色（32）
20g；长4cm的拉链1条
钩针5/0号

编织密度

10cm×10cm面积内：配色花样18针，11行

成品尺寸

宽16.5cm，深10.5cm

编织要点

● 锁针起针24针，包底环形钩织3行编织花样。

● 包身从包底挑针，环形钩织10行配色花样，包
口钩织4行边缘编织。

● 在包口反面缝上拉链。

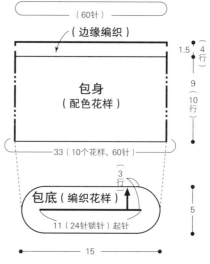

※ 全部使用5/0号针钩织
※ 除指定以外均用绿色线钩织

组合方法

缝上拉链

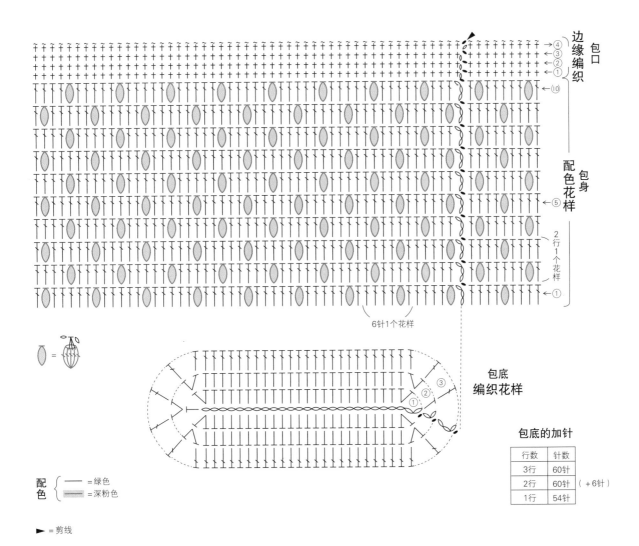

边缘编织
包口

→④
←③
→②
←①

←⑩

包身
配色花样

←⑤

2行1个花样

←①

6针1个花样

=

包底
编织花样

③
②
①

包底的加针

行数	针数	
3行	60针	
2行	60针	（+6针）
1行	54针	

配色 { ── =绿色
         ── =深粉色

▶ =剪线

H 双色手拎包 p.15

材料和工具

和麻纳卡 Men's Club MASTER 藏青色(23)
140g，白色(1)65g
钩针7/0号

编织密度

10cm×10cm面积内：配色花样15针，8.5行

成品尺寸

宽28cm，深17cm

编织要点

● 环形起针，包底钩织17行短针。

● 包身从包底挑针，环形钩织12行配色花样，包口钩织4行边缘编织。

● 提手锁针起针40针，钩织7行。对折，钩织引拔针接合形成双层。

● 参照组合方法，将提手缝在包口反面。

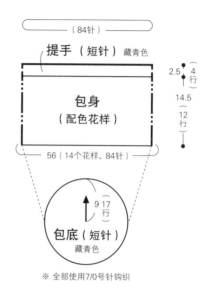

※ 全部使用7/0号针钩织

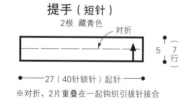

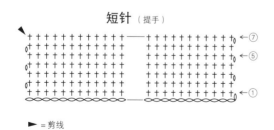

►=剪线

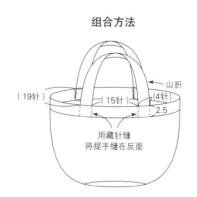

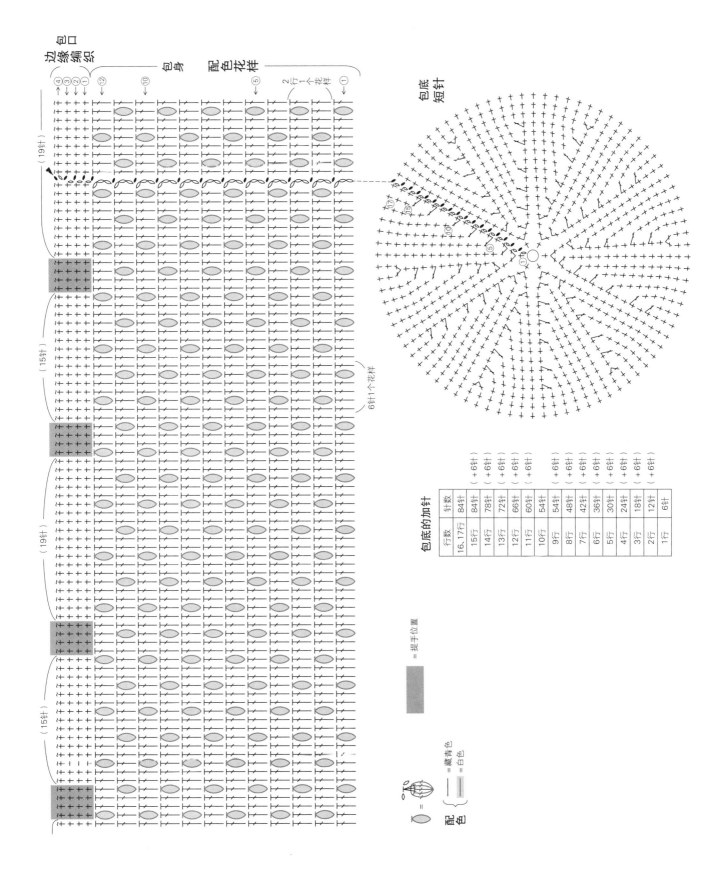

包底的加针

行数	针数	
16,17行	84针	
15行	84针	（+6针）
14行	78针	（+6针）
13行	72针	（+6针）
12行	66针	（+6针）
11行	60针	（+6针）
10行	54针	（+6针）
9行	54针	（+6针）
8行	48针	（+6针）
7行	42针	（+6针）
6行	36针	（+6针）
5行	30针	（+6针）
4行	24针	（+6针）
3行	18针	（+6针）
2行	12针	（+6针）
1行	6针	

＝提手位置

＝藏青色
＝白色
配色

I 双面长围脖 p.20

材料和工具

和麻纳卡 SAGA 绿色、米色混合(1),藏青色、褐
色混合(7)各90g

钩针7/0号

编织密度

条纹花样1个花样3cm,9行10cm

成品尺寸

颈围132cm,宽20cm

编织要点

● 锁针起针220针,环形钩织18行条纹花样。为
了让双面都可以使用,每行都不剪线,一边缠
住各行最初的3针锁针,一边钩织。

长围脖
(条纹花样)
7/0号针

20
(18
行)

132(44个花样、220针锁针)起针

条纹花样

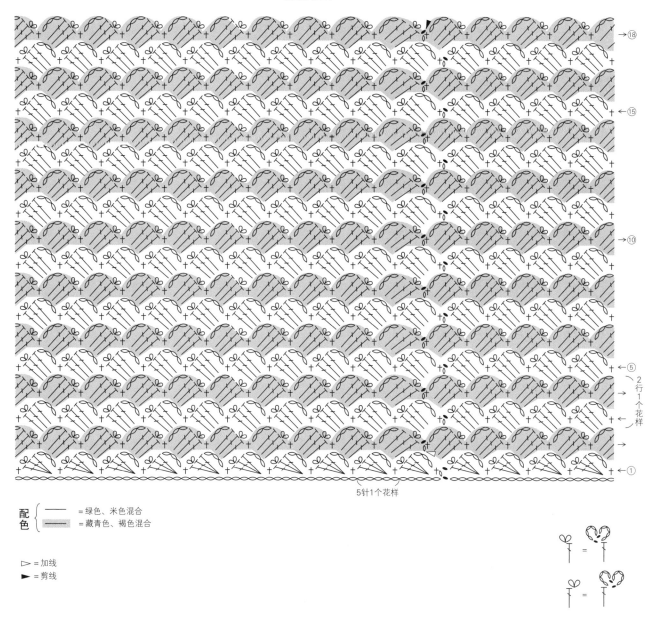

→⑱

←⑮

→⑩

→⑤

2行1个花样

←①

5针1个花样

配色 { ── ＝绿色、米色混合
⬛ ＝藏青色、褐色混合

▷ ＝加线
► ＝剪线

J 花漾束口袋 p.21

材料和工具

芭贝 Princess Anny 深粉色（527）20g，粉色（526）、原白色（547）各15g

钩针5/0号

编织密度

条纹花样1个花样2cm，10行10cm

成品尺寸

宽14cm，深12cm

编织要点

● 锁针起针16针，袋底环形钩织7行短针。

● 袋身从袋底挑针，环形钩织12行条纹花样。偶数行的狗牙针拉到正面。

● 袋口用粉色线钩织5行。将粉色编织花样倒向前面，在粉色编织花样第1行添加原白色线，做4行编织花样。

● 钩织细绳，穿到指定位置，系成蝴蝶结。

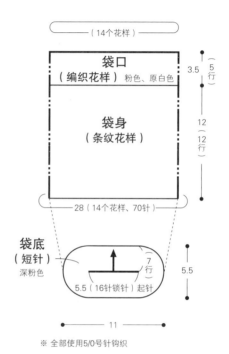

（14个花样）

袋口
（编织花样）粉色、原白色

3.5（5行）

袋身
（条纹花样）

12（12行）

28（14个花样、70针）

袋底
（短针）
深粉色

7行

5.5

5.5（16针锁针）起针

11

※ 全部使用5/0号针钩织

细绳 深粉色

←1→ 48（110针锁针）起针 ←1→

► =剪线

组合方法

※将细绳穿在指定位置，系成蝴蝶结

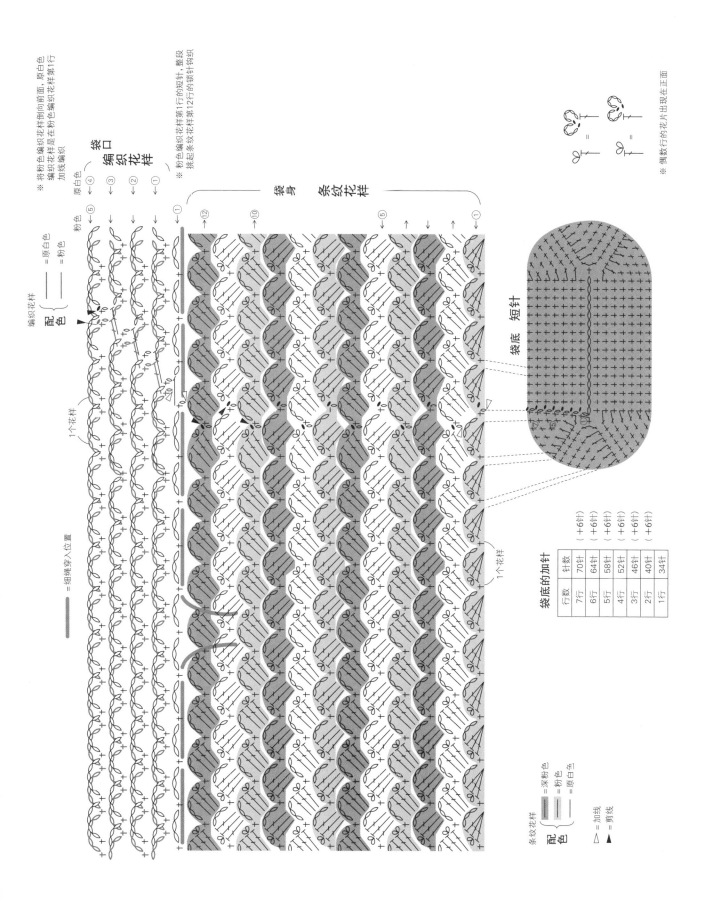

※将粉粉色编织花样倒向前面，原白色
编织花样是在粉色编织花样第1行
加线编织

K 雀尾花马海毛围脖 p.22

材料和工具

芭贝 Kid Mohair Fine 绿色（39）75g

钩针7/0号

编织密度

编织花样1个花样9.3cm，8行10cm

成品尺寸

颈围60cm，宽24cm

编织要点

● 全部用3根线钩织。

● 锁针起针91针，环形做18行编织花样。

● 钩织1行短针。

● 从起针挑针，环形钩织1行短针。

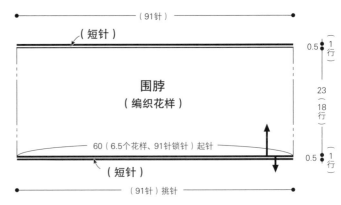

※ 全部用3根线、7/0号针钩织

▷ = 加线
► = 剪线

编织花样

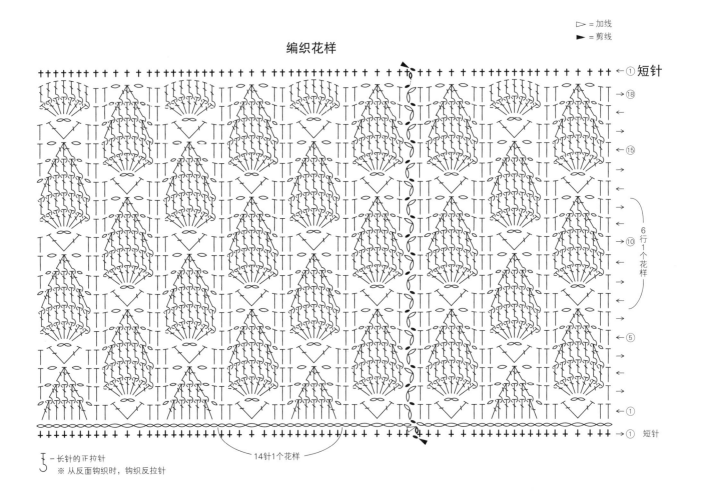

F = 长针的正拉针

※ 从反面钩织时，钩织反拉针

14针1个花样

L 雀尾花护腕 p.23

材料和工具

芭贝 Queen Anny 乳白色（880）50g

钩针6/0号

编织密度

编织花样1个花样7.6cm，12行10cm

成品尺寸

掌围19cm，长11cm

编织要点

● 锁针起针35针，环形做12行编织花样。

● 钩织1行短针。

● 从起针挑针，环形钩织1行短针。

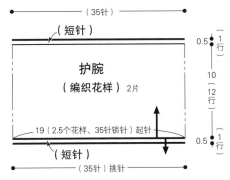

※ 全部使用6/0号针钩织

编织花样

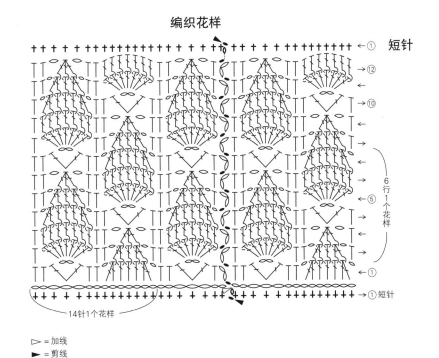

▷ = 加线

► = 剪线

= 长针的正拉针
　※ 从反面钩织时，钩织反拉针

M 三角形镂空披肩 p.24

材料和工具

和麻纳卡 Alpaca Mohair Fine 黄绿色 (21) 130g
钩针 4/0 号

编织密度

编织花样A、B的大小请参照图示

成品尺寸

长111cm，宽51cm

编织要点

● 锁针起针7针，一边加针，一边做20行编织花样A。

● 继续做40行编织花样A、B。

● 接着编织花样A、B钩织1行边缘编织A，再钩织1行边缘编织B。

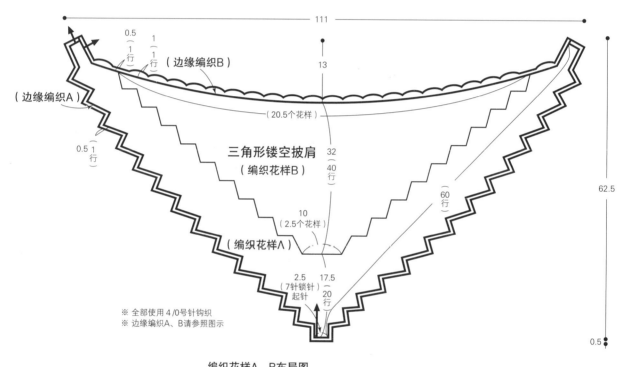

※ 全部使用4/0号针钩织
※ 边缘编织A、B请参照图示

编织花样A、B布局图

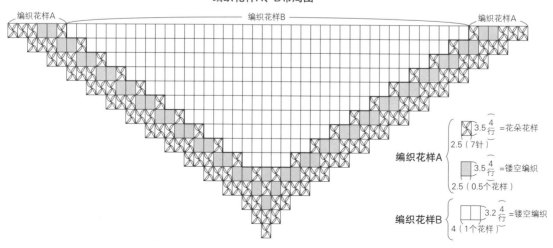

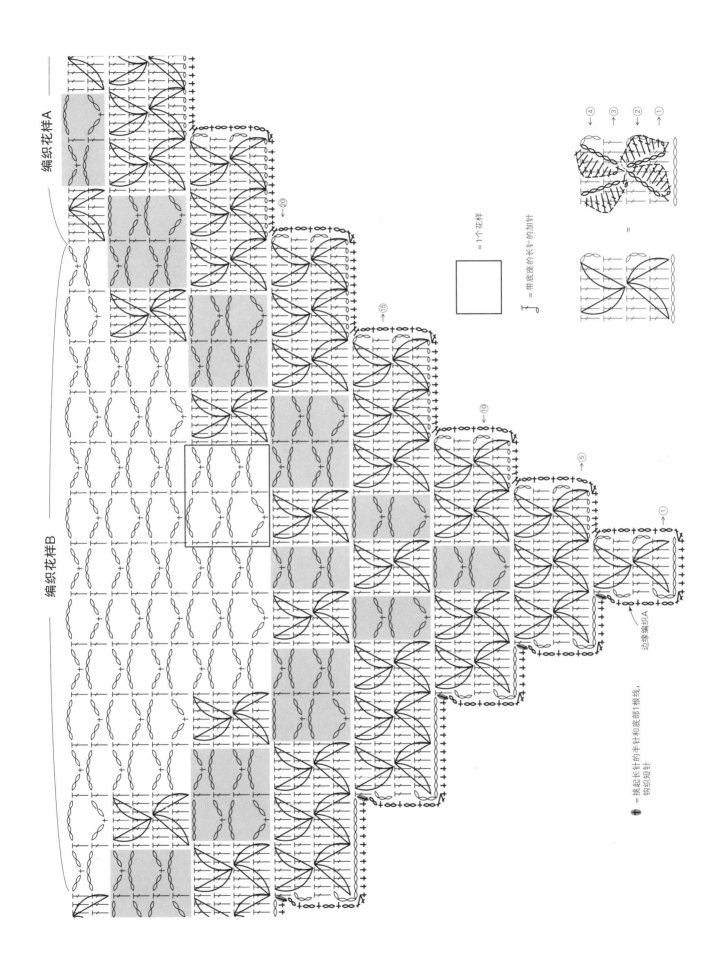

编织花样A

编织花样B

④ ③ ② ①

＝1个花样

ƒ ＝带底座的长针的加针

＝

边缘编织A

┼ ＝挑起长针的半针和底部1根线，钩织短针

71

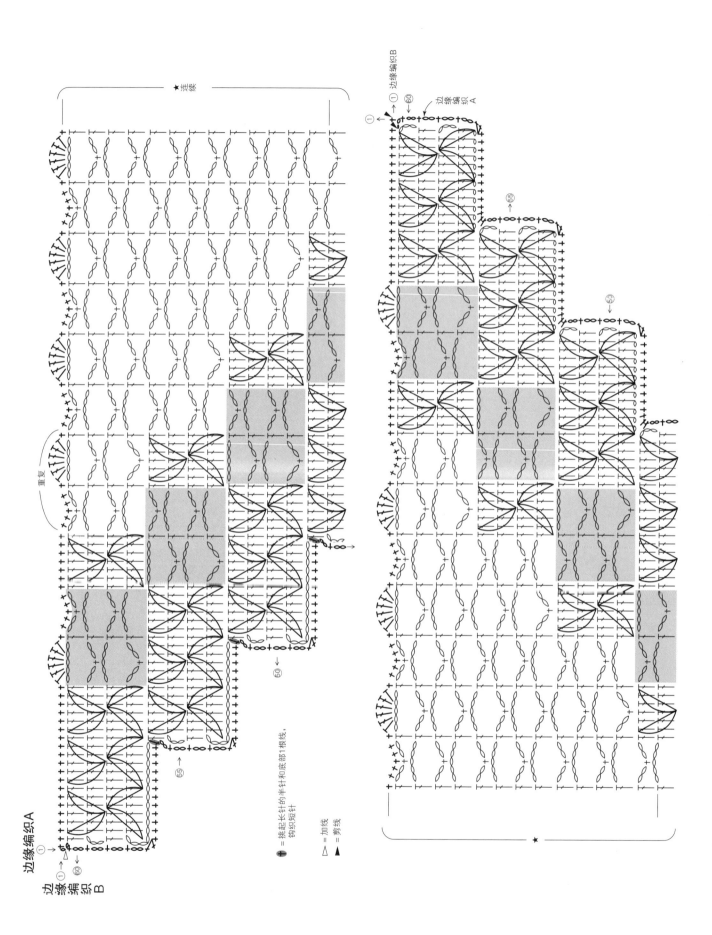

边缘编织A

边缘编织B

边缘编织B

边缘编织A

★连续

＋ = 挑起长针的半针和底部1根线，
钩织短针

▷ = 加线
▲ = 剪线

N 百合盛开的盖毯 p.25

材料和工具

芭贝 Boboli 原白色（401）415g

钩针5/0号

编织密度

10cm×10cm面积内：编织花样A、B均为22.5针，12行

成品尺寸

宽61cm，长73cm

编织要点

- 锁针起针137针，做7行编织花样A。
- 下一行开始做编织花样A和B，在花样交界处钩织1针锁针，钩织75行编织花样B。编织花样A、B交界处的拉针，和编织花样A的方向不同，需要注意。
- 编织花样交界处的锁针减1针，钩织5行编织花样A。
- 继续钩织1行引拔针。
- 挑起起针行锁针的头部，钩织1行引拔针。

编织花样B的布局图

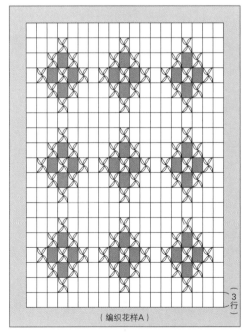

（编织花样A）

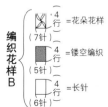
=花朵花样
（7针）/4行

=镂空编织
（5针）/4行

=长针
（6针）/4行

编织花样B

盖毯

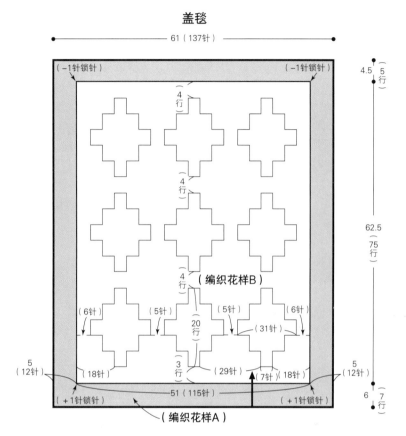

61（137针）

（−1针锁针）　　　　　　（−1针锁针）

4.5（5行）

4行

4行

4行

（编织花样B）

62.5（75行）

（6针）　（5针）　　（5针）　（6针）

20行

（31针）

3行

（18针）　（29针）　（7针）（18针）

5（12针）

5（12针）

51（115针）

（+1针锁针）　　　　　　（+1针锁针）

6（7行）

（编织花样A）

61（137针锁针）起针

※ 全部使用5/0号针钩织
※ 最终行和编织起点钩织引拔针

73

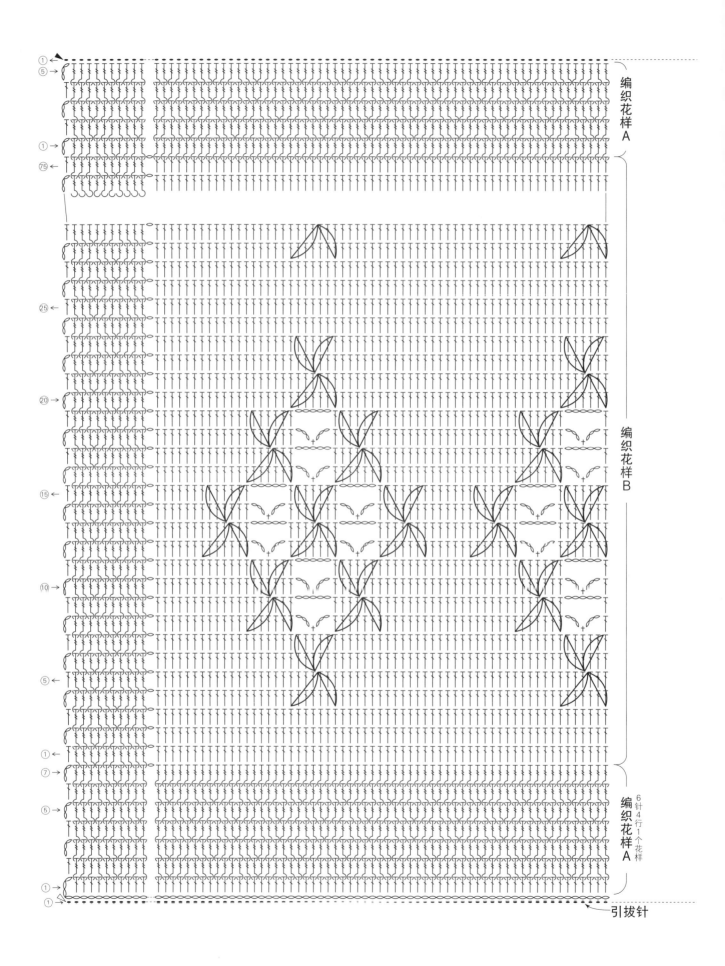

編織花樣A

編織花樣B

6針4行1個花樣

編織花樣A

引拔針

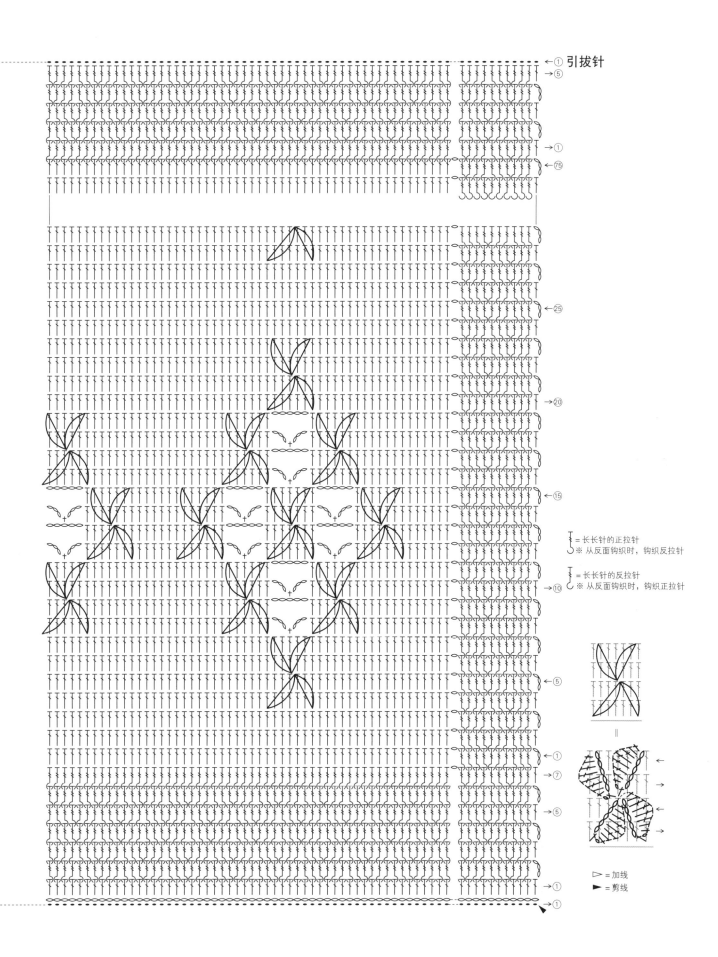

引拔针

←① 引拔针
→⑤

←①
←⑤

←㉕

←⑳

←⑮

→⑩

←⑤

←①
→⑦
←⑤

←①
→①
→①

T = 长长针的正拉针
※ 从反面钩织时，钩织反拉针

T = 长长针的反拉针
※ 从反面钩织时，钩织正拉针

▷ = 加线
► = 剪线

黑白灰色调的 手提包 p.29

材料和工具

和麻纳卡 Amerry F <粗> 黑色（524）125g，灰色（523）30g，白色（501）15g

钩针4/0号

编织密度

10cm×10cm面积内：短针20针，21行；
条纹花样32针，17行

成品尺寸

宽30cm，深20cm

编织要点

● 包底钩织锁针起针34针，环形钩织11行短针。
● 包身钩织8行短针，然后参照图示挑针，钩织22行条纹花样。第22行用灰色线钩织。
● 包口第1行用短针和短针的正拉针挑144针。第2行减针，钩织短针至第6行。
● 提手在第7行钩织50针锁针起针，一边在包口减针，一边钩织至第11行。

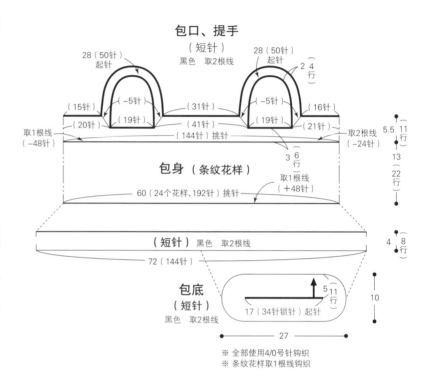

包口、提手
（短针）
黑色 取2根线

28（50针）起针　28（50针）起针
2 4 行
（15针）（−5针）（31针）（−5针）（16针）
（20针）（19针）（41针）（19针）（21针）
取1根线　（144针）挑针　取2根线
（−48针）　　　　　　　（−24针）
3 6 行
5.5 11 行
13（22行）
包身（条纹花样）
取1根线
（+48针）
60（24个花样、192针）挑针

（短针）黑色　取2根线
72（144针）
4 8 行

包底
（短针）
黑色　取2根线
17（34针锁针）起针
5 11 行
10

27

※ 全部使用4/0号针钩织
※ 条纹花样取1根线钩织

包底的加针

行数	针数	
11行	144针	（+8针）
10行	136针	（+8针）
9行	128针	（+8针）
8行	120针	（+8针）
7行	112针	（+8针）
6行	104针	
5行	104针	（+8针）
4行	96针	（+8针）
3行	88针	（+8针）
2行	80针	（+8针）
1行	72针	

包底　短针

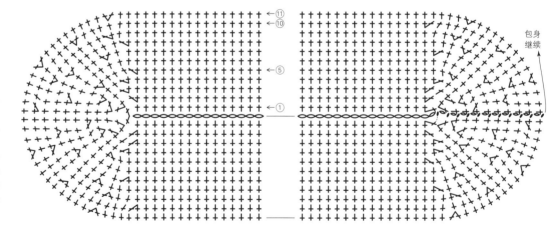

包身继续

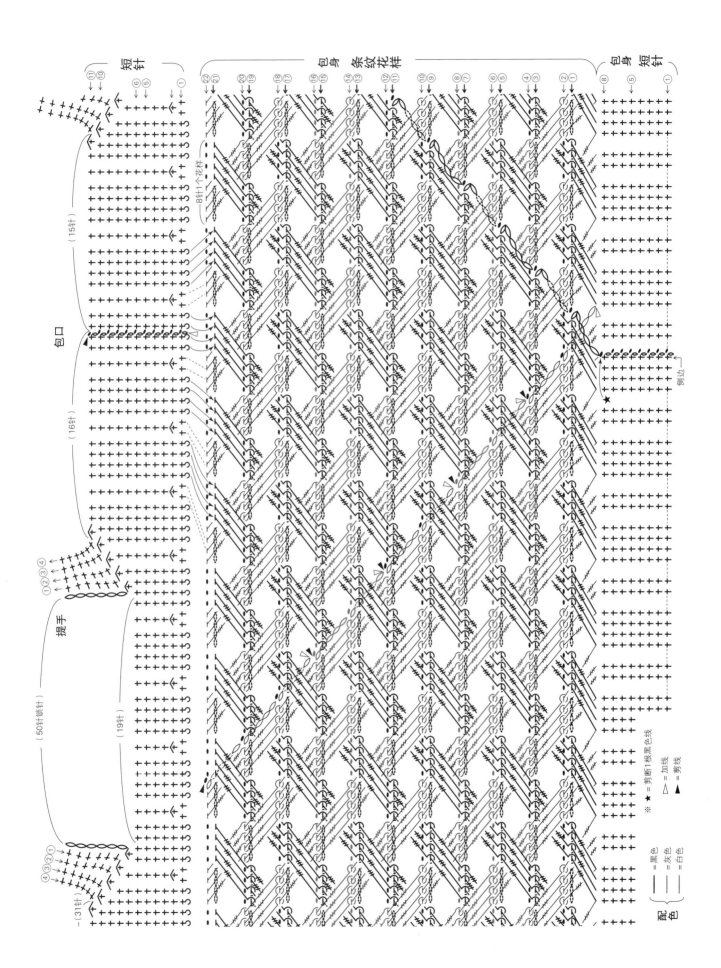

77

Q 单提手挎包 p.31

材料和工具

达摩手编线 Cheviot Wool 深海军蓝色（5）160g
钩针7/0号

编织密度

编织花样1个花样1.6cm，8行10cm

成品尺寸

宽24cm，深21cm

编织要点

● 锁针起针25针，包底环形钩织2行短针。

● 包身从包底挑针，做16行编织花样，做环形的往返编织。

● 包口钩织2行短针。

● 提手在指定位置加线，钩织65行。编织终点对齐相同标记，做半回针缝缝合。

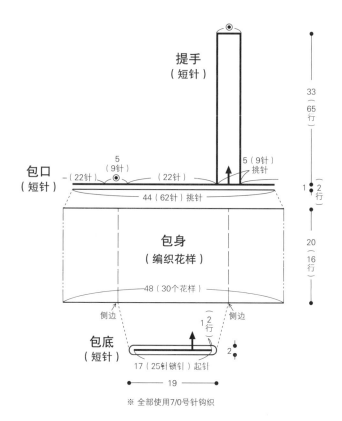

※ 全部使用7/0号针钩织

组合方法

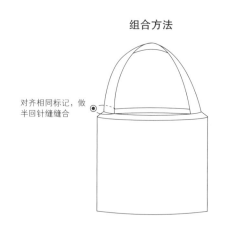

对齐相同标记，做半回针缝缝合

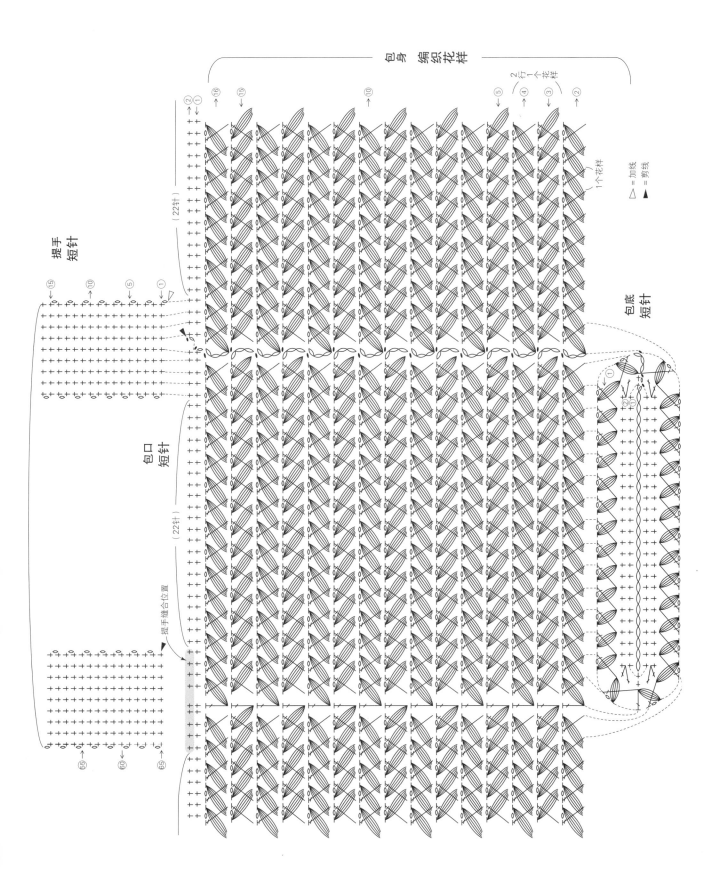

包身 编织花样

提手
短针

包口
短针

提手缝合位置

包底
短针

△ = 加线
▲ = 剪线

79

P 双色条纹方形坐垫 p.30

材料和工具

和麻纳卡 Sonomono Alpaca Wool 灰色(44)
170g,原白色(41)120g
钩针7/0号

编织密度

条纹花样1个花样1.3cm,6.5行10cm

成品尺寸

37cm×37cm

编织要点

● 锁针起针55针,做22行条纹花样。
● 边缘挑起指定数量的针目,参照图示钩织2行
  短针,做环形的往返编织。

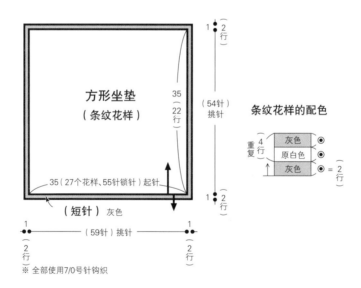

条纹花样

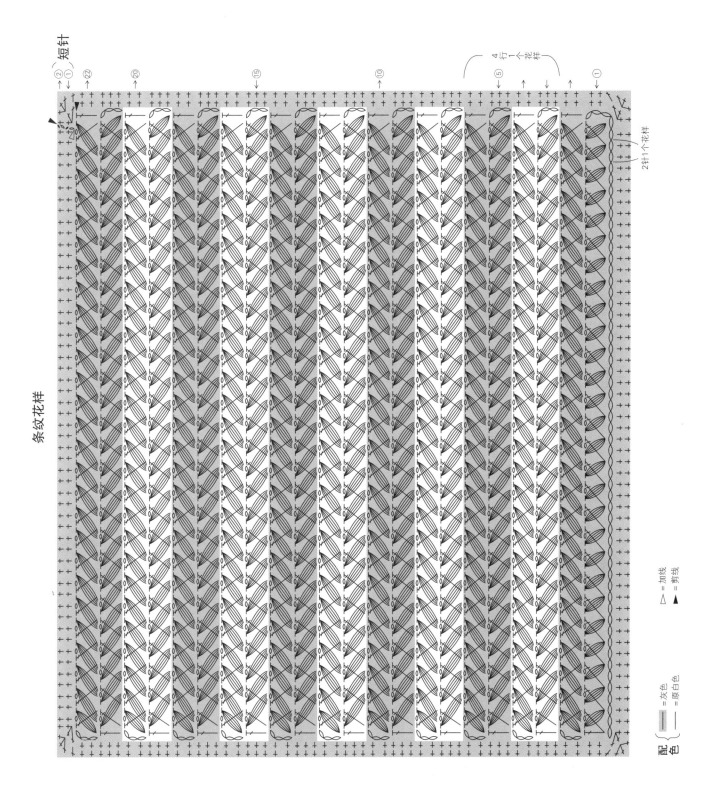

→② ①短针
→①

㉒　⑳　　　　⑮　　　　⑩　　　⑤　　　　①

4行1个花样

2针1个花样

△＝加线
▲＝剪线

配色 { ＝灰色　＝原白色

81

R 十字形花样斜挎包 p.34

材料和工具

和麻纳卡 Sonomono <超级粗> 原白色（11）
160g，直径2.8cm的纽扣1颗
钩针7mm

编织密度

10cm×10cm面积内：编织花样10.5针，11行

成品尺寸

宽26.5cm，深21cm

编织要点

● 包底锁针起针27针，环形钩织1行编织花样。

● 包身从包底挑针56针，环形做23行编织花样，
  然后钩织1行引拔针。

● 包带钩织锁针起针，然后做编织花样和引拔
  针。

● 制作纽襻和流苏，参照组合方法，固定在指定
  位置。

● 缝上包带和纽扣。

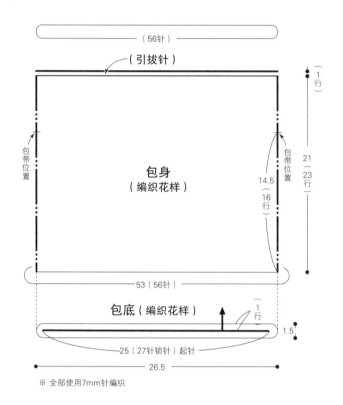

※ 全部使用7mm针编织

包带

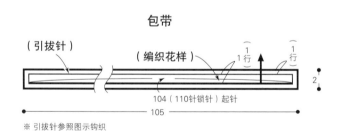

※ 引拔针参照图示钩织

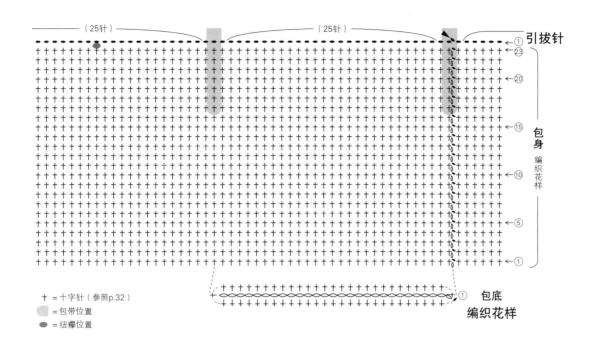

+ = 十字针（参照p.32）
▨ = 包带位置
⬭ = 纽襻位置

➤ = 剪线

包带的编织方法

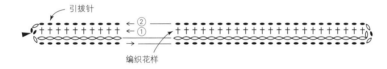

引拔针
②
①
编织花样

纽襻

穿流苏处

⬤——9——⬤—1—⬤

流苏

纽襻

① 穿上10根剪成
25cm的线

② 用线缠绕3~4
圈，系紧

③ 剪齐

组合方法

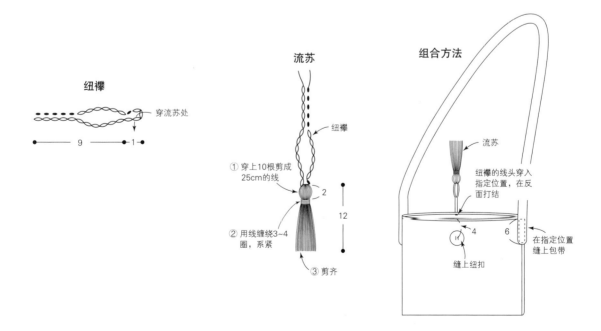

流苏

纽襻的线头穿入
指定位置，在反
面打结

缝上纽扣

在指定位置
缝上包带

S 手链、耳环、戒指 p.35

材料和工具

达摩手编线 真丝蕾丝线30号 线的色名、色号、
用量请参照带子用线表
手链：磁扣1组，直径3.5mm的圆环4个
耳环：耳钩1对，直径3.5mm的圆环2个
蕾丝针2号

成品尺寸

参照图示

编织要点

◉ 参照带子用线表，编织所需要的带子。
◉ 参照组合方法组合。

带子用线表

名称	色名（色号）	带子A			带子B			用量
		行数	长度	根数	行数	长度	根数	
手链	原白色（1）				60行	17.5cm	1根	各少量
	浅青色（17）	70行	16.5cm	1根				
耳环	原白色（1）	14行	3cm	1根	14行	4cm	2根	
	浅青色（17）	14行	3cm	1根				
戒指	原白色（1）	30行	7cm	1根				

※ 全部使用2号蕾丝针钩织

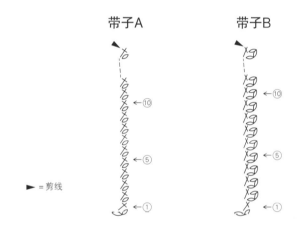

带子A　　　带子B

►◄ = 剪线

组合方法

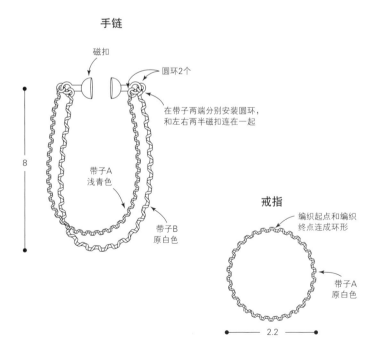

手链

磁扣

圆环2个

在带子两端分别安装圆环，
和左右两半磁扣连在一起

带子A
浅青色

带子B
原白色

8

戒指

编织起点和编织
终点连成环形

带子A
原白色

2.2

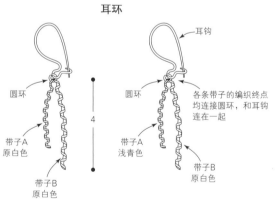

耳环

耳钩

圆环

圆环

各条带子的编织终点
均连接圆环，和耳钩
连在一起

带子A
原白色

带子A
浅青色

带子B
原白色

带子B
原白色

4

蛋卷针水杯套 p.41

材料和工具

达摩手编线 Merino Style 中粗
A：雾绿色（16）8g，山茶粉色（17）7g
B：雾绿色（16）8g，绿宝石色（22）7g
钩针6/0号

编织密度

10cm×10cm面积内：条纹花样19针，21.5行

成品尺寸

杯套周长10.5cm，高8cm

编织要点

◉ 锁针起针40针，环形钩织条纹花样。

◉ 继续用雾绿色线钩织1行边缘编织。

◉ 在起针处，A用山茶粉色，B用绿宝石色，钩织1行边缘编织。

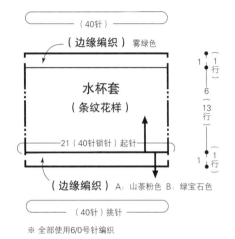

※ 全部使用6/0号针编织

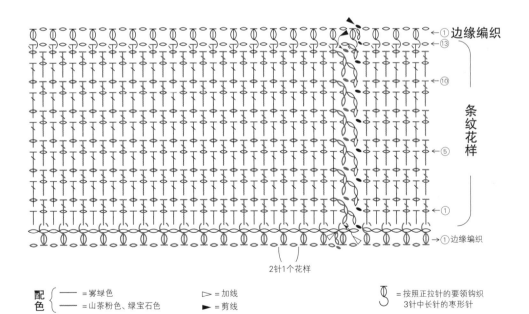

2针1个花样

配色 { —— =雾绿色   —— =山茶粉色、绿宝石色   ▷ =加线   ► =剪线   ⟊ =按照正拉针的要领钩织 3针中长针的枣形针

U 单肩小水桶包 p.39

材料和工具

和麻纳卡 Amerry 炭灰色（30）90g，蓝色（46）、
白色（51）各30g
直径15.6cm、48孔的和麻纳卡包包用皮垫（圆形）
（H204-596-2）黑色 1片
钩针5/0号

编织密度

10cm×10cm面积内：条纹花样19.5针，9行

成品尺寸

包底直径15.6cm，深25cm

编织要点

● 在包底皮垫的1个孔中分别钩织2针短针，共计
96针。
● 然后环形钩织21行条纹花样，钩织1行边缘编
织。
● 包带钩织5针锁针起针，做137行编织花样。
边缘钩织1圈短针。
● 抽绳用钩织罗纹绳的方法钩织150针。绳襻钩
织15针锁针起针，钩织5行短针。
● 参照组合方法组合。

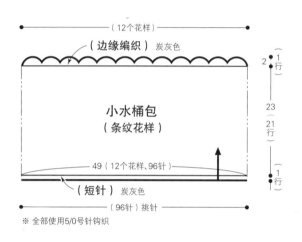

（12个花样）
（边缘编织）炭灰色

小水桶包
（条纹花样）

2{1行

23（21行）

49（12个花样，96针）

（短针）炭灰色

（96针）挑针

※ 全部使用5/0号针钩织

包带
（编织花样）炭灰色

0.5{1行

短针

109（137行）

炭灰色

0.5{1行

0.5{1行

2（5针）
起针

编织花样
（包带）

短针

137

135

10

5

2行1个花样

※从编织行挑针钩织短针时，
要插入长针

绳襻（短针）

1根 炭灰色

2.5{5行

8（15针）
起针

短针（绳襻）

5

1

► ＝剪线

抽绳
（罗纹绳）

1根线 炭灰色

65（150针）

组合方法

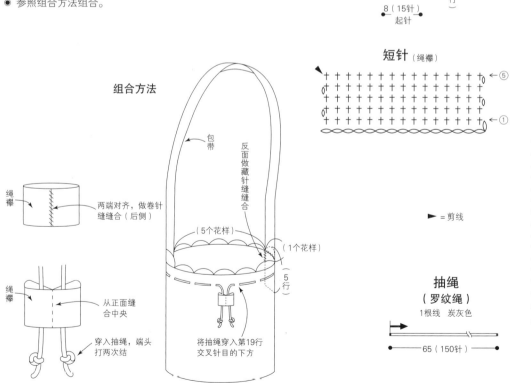

绳襻

包带

反面做藏针缝缝合

两端对齐，做卷针缝缝合（后侧）

绳襻

从正面缝合中央

穿入抽绳，端头打两次结

（5个花样）

（1个花样）

（5行）

将抽绳穿入第19行交叉针目的下方

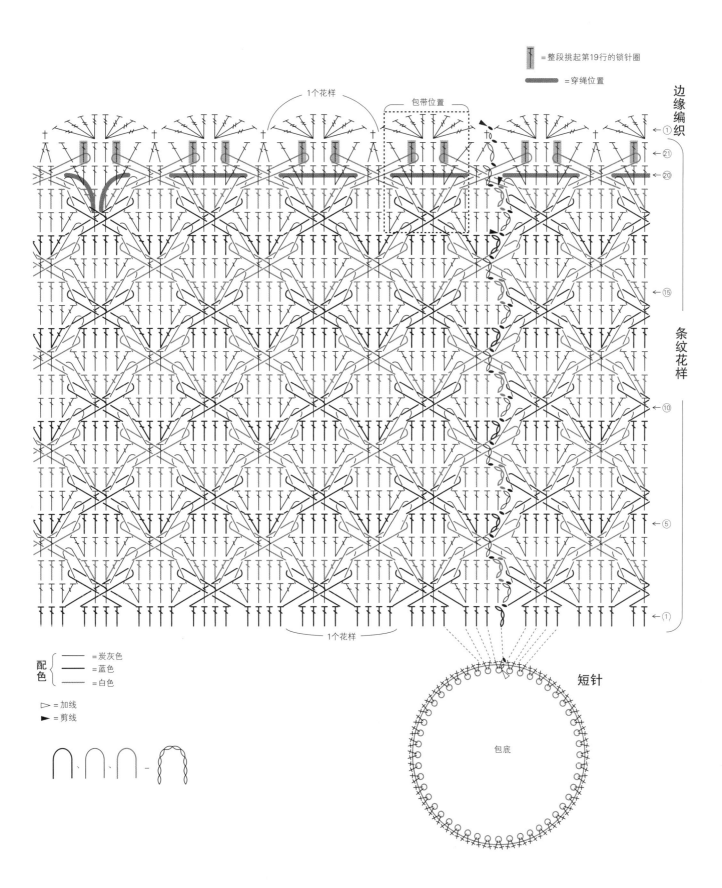

= 整段挑起第19行的锁针圈

= 穿绳位置

1个花样

包带位置

边缘编织

①

←㉑

←⑳

←⑮

条纹花样

←⑩

←⑤

←①

1个花样

配色 { — =炭灰色
— =蓝色
— =白色 }

▷ = 加线
► = 剪线

短针

包底

87

T 星星花条纹帽 p.38

材料和工具

和麻纳卡 Sonomono Alpaca Lily 原白色(111)
50g,浅褐色(112)、深棕色(113)各20g
钩针7/0号

编织密度

10cm×10cm面积内:条纹花样17针,9.5行

成品尺寸

头围52cm,帽深22.5cm

编织要点

● 锁针起针88针,环形做4行编织花样。

● 继续钩织13行条纹花样,剩余5行一边分散减
  针,一边钩织。这5行中前2行的锁针圈是由8
  针锁针钩成的,需要注意。

● 最终行穿线并收紧。

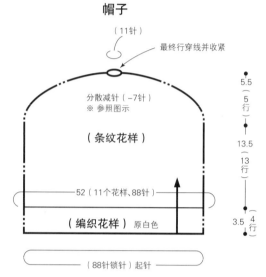

帽子

(11针)
最终行穿线并收紧

分散减针(-7针)
※ 参照图示

(条纹花样)

52(11个花样、88针)

(编织花样)原白色

(88针锁针)起针

※ 全部使用7/0号针钩织

5.5
(5行)

13.5
(13行)

3.5(4行)

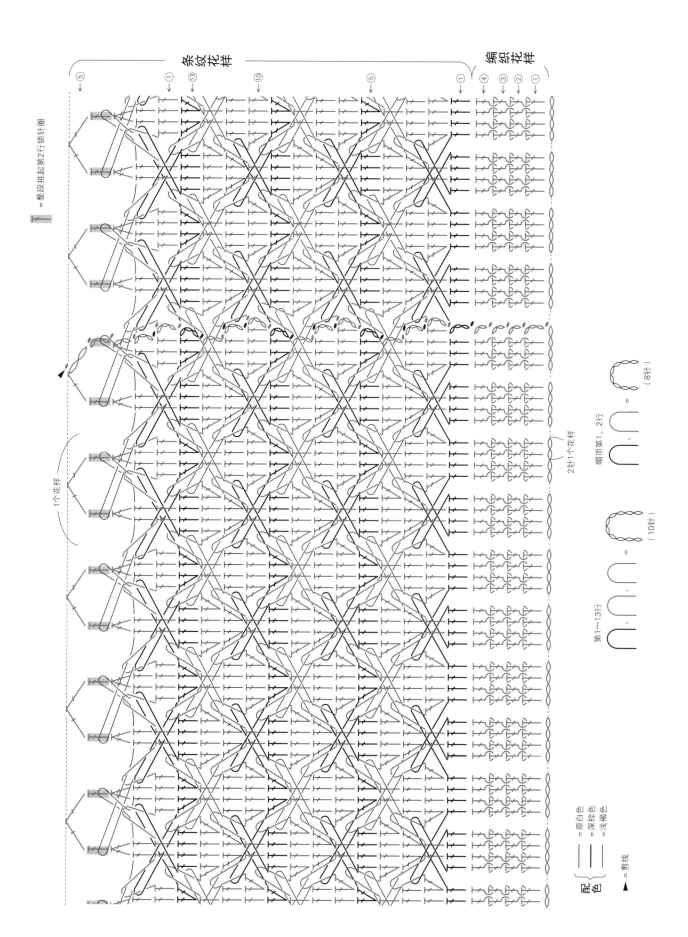

89

蛋卷针毛线筐 p.41

材料和工具

达摩手编线 Falkland Wool 棕色（3）85g，沙米色
（2）60g
钩针7/0号

编织密度

10cm×10cm面积内：条纹花样18.5针，18行

成品尺寸

宽26cm，深23.5cm

编织要点

● 筐底环形起针12针，一边加针，一边钩织8行
  长针。

● 筐身第1行用棕色线从筐底挑针96针，每隔1
  针钩织长针的反拉针和锁针，在前面休针。

● 第2行用沙米色线在筐底最终行加线钩织，和
  第1行相同，挑起96针。

● 按照相同要领钩织长针和锁针，环形钩织至第
  40行。第41行用棕色线钩织中长针、锁针。

● 继续钩织1圈边缘编织。

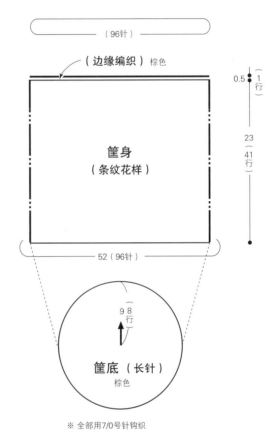

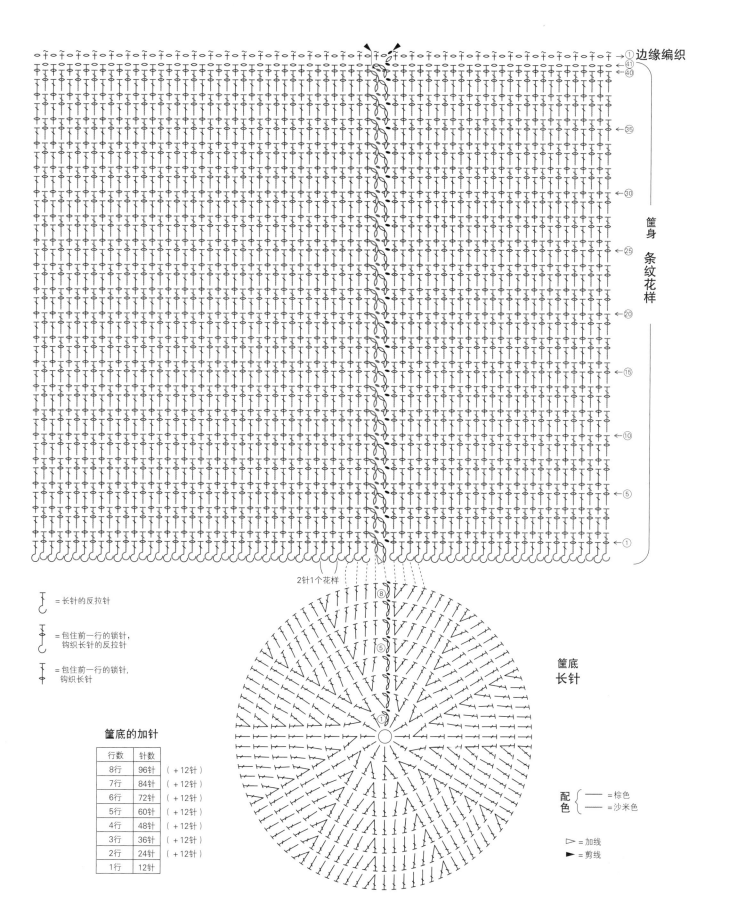

①边缘编织

④①
④⓪

←35

←30

筐身　条纹花样

←25

←20

←15

←10

←5

←①

2针1个花样

丅 = 长针的反拉针

丅 = 包住前一行的锁针，钩织长针的反拉针

丅 = 包住前一行的锁针，钩织长针

筐底　长针

筐底的加针

行数	针数	
8行	96针	（+12针）
7行	84针	（+12针）
6行	72针	（+12针）
5行	60针	（+12针）
4行	48针	（+12针）
3行	36针	（+12针）
2行	24针	（+12针）
1行	12针	

配色 { ── = 棕色
　　　 ── = 沙米色

▷ = 加线
► = 剪线

X 纵条纹手提包 p.44

材料和工具

和麻纳卡 Exceed Wool L ＜中粗＞灰色（327）185g
钩针5/0号

编织密度

10cm×10cm面积内：短针20针，24行；
编织花样22针，12行

成品尺寸

宽30cm，深22cm

编织要点

- 包底钩织30针锁针起针，钩织36行短针。
- 包身钩织44针锁针起针，做72行编织花样。
- 包身做卷针缝缝成桶状，包底和包身反面相对对齐相同标记，包身位于前面，钩织短针接合。
- 包口环形钩织4行短针，最终行钩织1行引拔针。
- 提手锁针起针，钩织短针和引拔针。参照组合方法，缝上提手。

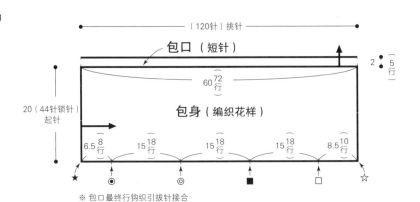

※ 包口最终行钩织引拔针接合

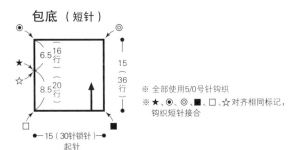

※ 全部使用5/0号针钩织
※ ★、◉、◎、■、□、☆对齐相同标记，钩织短针接合

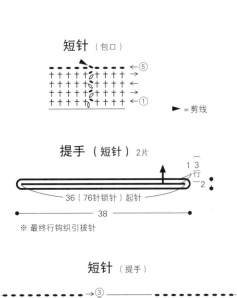

▶ = 剪线

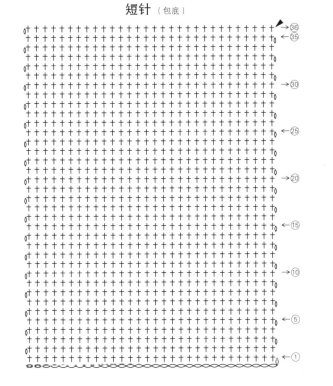

92

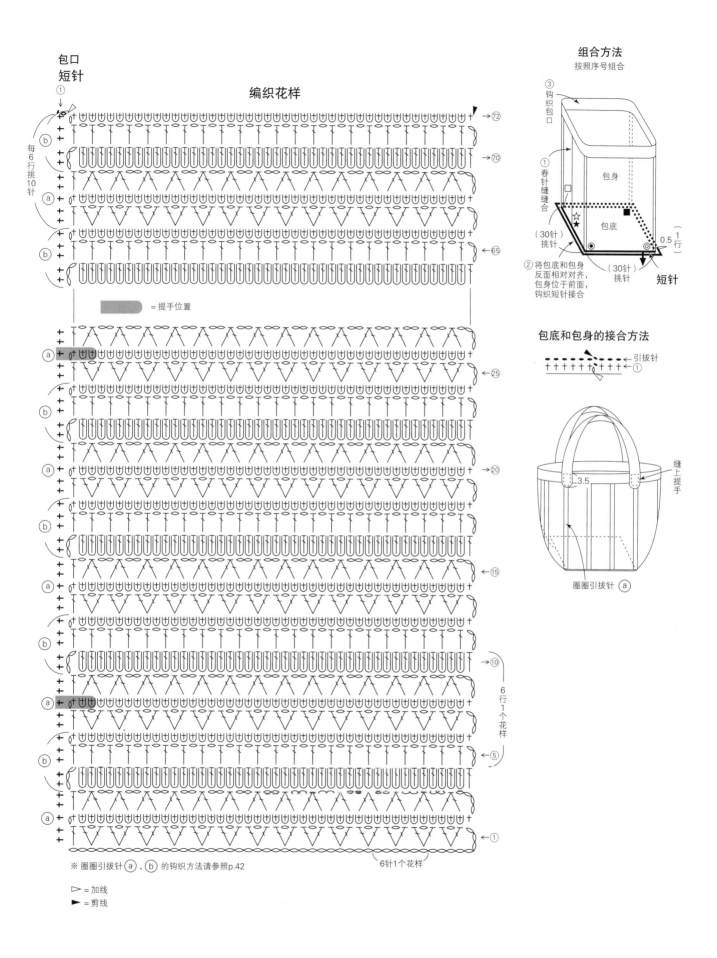

※ 圈圈引拔针 ⓐ、ⓑ 的钩织方法请参照p.42

▷ =加线
► =剪线

渐变色毛线帽 p.45

材料和工具

芭贝 MULTICO 绿色系段染（574）90g

钩针 7/0 号

编织密度

10cm×10cm 面积内：编织花样 A17 针，12 行；

编织花样 B20 针，8 行

成品尺寸

头围 56cm，帽深 21cm

编织要点

● 锁针起针 96 针，环形做 14 行编织花样 A。圈圈针的线圈直接保留。

● 继续做 7 行编织花样 B。

● 编织终点的线在最终行每 4 个花样穿线，将针目收紧。起针使用线头连成环形。

● 钩织圈圈引拔针，缝合时，让最后针目和最初针目的花样连在一起。

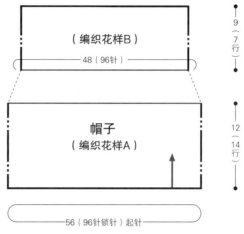

（编织花样 B）

48（96针）

帽子

（编织花样 A）

56（96针锁针）起针

9（7行）

12（14行）

※全部使用 7/0 号针钩织

组合方法

每 4 个花样在 ◉ 位置穿线并收紧

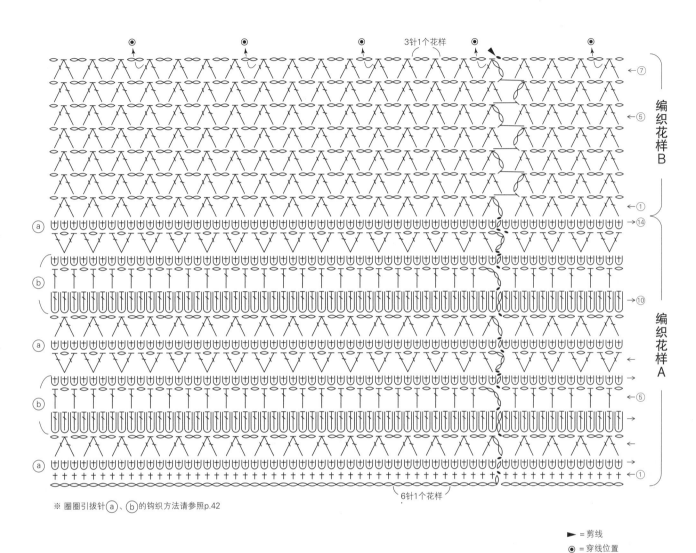

※ 圈圈引拔针ⓐ、ⓑ的钩织方法请参照p.42

3针1个花样

6针1个花样

编织花样B

编织花样A

►= 剪线

◉= 穿线位置

Basic Technique Guide
钩针编织基础

编织起点（起针）

⊕环 环形起针

1

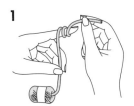

将线在左手食指上缠绕2圈。

2

用右手捏住线圈，抽出左手食指。然后如图所示用左手拇指和中指拿着线圈。钩针插入线圈，将线拉出。

3

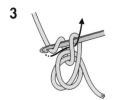

再次挂线并引拔。

4

线圈上形成了一个针目。（此针目不计入针数）

5

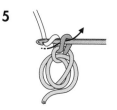

钩针挂线并引拔，这是第1行立织的锁针。

6

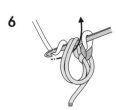

钩针插入线圈，挂线并拉出。

7

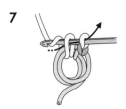

钩针挂线并引拔，钩织短针。

8

完成了1针短针。按照相同方法继续钩织短针。

9

第1行的6针短针完成了。

10

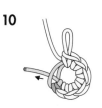

拉动线头，将线圈收紧了。稍微拉一下线头，距离线头较近的线会变短。

11

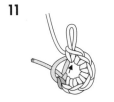

拉动变短的那根线，距离线头较远的那根线会变短。

12

拉动线头，这时，距离线头较近的线收紧了。

13

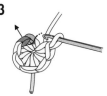

第1行的终点，要挑起短针头部的2根线。

14

钩针挂线并引拔。

15

第1行完成了。

编织符号和编织方法

※除锁针以外，所有的针法都要有基础针才能钩织。为了让针目整齐，还要先钩织（立织）一定数量的锁针

┼ 短针　立织1针锁针，针目很小，不计入针数。

1

立织1针锁针，将钩针插入锁针的里山。

2

挂线并拉出。这是未完成的短针。

3

钩针再次挂线，从钩针上的2个线圈中引拔出。

4

短针完成了。

5

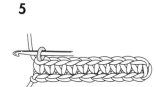

按照相同要领继续钩织。图为钩织10针短针的状态。

⬭ 锁针　最基础的针法，经常作为其他针法的基础针（起针）。

1

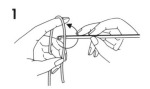

线头留10cm左右，将钩针放在线后面，如图所示转动钩针把线绕在针上。

2

用左手拇指和中指捏住线圈交叉处，如图所示转动钩针将线钩住。

3

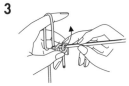

将线从挂在针上的线圈中拉出。

4

拉紧线头，将线圈收紧。这是端头的针目，不计入针数。

5

将线放在钩针后面，如图所示转动钩针。

6

钩针挂线，从钩针上的线圈中引拔出。

7

完成1针锁针。继续挂线并引拔。

8

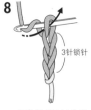

图为钩织3针的状态。按照相同要领继续钩织。

⬤ 引拔针

辅助作用的编织方法，连接针目时使用。

钩针挂线并引拔

锁针的挑针方法

● 挑起锁针的里山

不会影响锁针的外形，挑针效果美观。

● 挑起锁针的半针和里山

容易挑针，针目稳定，很牢固。

⊤ 中长针　高度介于短针和长针之间的针目。需要立织2针锁针，立织针目计为1针。

1

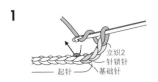

立织2针锁针，钩针挂线，然后将钩针插入第2针锁针的里山。

2

钩针挂线并按照箭头方向拉出2针锁针的高度。

3

这是未完成的中长针。钩针再次挂线，从挂在钩针上的3个线圈中一次性引拔出。

4

1针中长针织好了。立织针目计为1针，这是第2针。

⊤ 长针　立织3针锁针，立织针目计为1针。

1

立织3针锁针，钩针挂线。

2

立织针目为第1针，将钩针插入起针端头的第2针。

3

钩针挂线并拉出，拉出2针锁针的高度。

4

钩针挂线，从钩针上的2个线圈中引拔出。

5

这是未完成的长针。再次挂线并从钩针上的2个线圈中引拔出。

6

1针长针织好了。因为立织的针目计入针数，所以这里其实是第2针。

7

按照相同要领继续钩织。

8

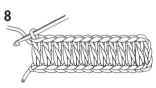

图为钩织了13针长针的样子。

长长针　比长针多了1针锁针的高度。先在钩针上缠绕2圈线，然后钩织。需要立织4针锁针，立织的针目计为1针。

1　缠绕2圈　立织4针锁针　起针　基础针
立织4针锁针，在钩针上缠绕2圈线，然后挑取起针端头第2针锁针。

2　钩针挂线并拉出。

3　拉出相当于2针锁针高度的线。

4　从钩针上挂的2个线圈中引拔出。

5　钩针再次挂线，从钩针上挂的2个线圈中引拔出。

6　这个状态叫作"未完成的长长针"。钩针再次挂线，从剩余的2个线圈中引拔出。

7　1针长长针完成了。立织的针目计为1针，因此，这是第1行的第2针。

8　下一针也在钩针上缠绕2圈线，按照相同要领钩织。

短针的条纹针　挑取前一行针目头部的半针进行钩织，剩下来的半针就会像条纹一样。

●往返编织时

1　钩织完第1行普通的短针后，立织1针锁针，翻转织片。第2行看着反面钩织。将钩针插入前一行短针的前面半针。

2　挑取前面半针钩织短针，让条纹出现在正面。

3　下一针挑取前一行针目头部的后面半针，钩织短针。

4　立织1针锁针
图为立织1针第4行的锁针的状态。继续留下正面的半针钩织。

●环形编织时

环形编织时，一直看着织片的正面编织。因此，要挑取前一行针目头部的后面半针钩织短针。

反短针　保持织片的方向不变，从左向右倒退着钩织。

1　立织1针锁针，如箭头所示，转动钩针，挑取前一行端头针目的头部。

2　从线的上方钩住线，然后将线拉出。

3　将线拉出后的状态。

4　钩针挂线，从钩针上的2个线圈中引拔出（钩织短针）。

5　1针反短针完成了。

6　下一针也像步骤**1**那样转动钩针，挑取前一行右侧针目的头部。从线的上方钩住线，然后将线拉到织片前侧。

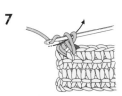

7　钩针挂线，从钩针上的2个线圈中引拔出（钩织短针）。

8　钩织好了2针反短针。重复步骤**6**、**7**，从左向右钩织。

加针、减针、其他针法
无论哪一种编织方法，针数不同但要领相同。

⤋ 1针放2针长针（插入针目）

1

2

3

钩织1针长针，再次挂线并将钩针插入同一个针目，

再钩织1针长针。

1个针目中钩织了2针长针。编织符号图的根部是连在一起的，要插入同一针钩织。

⤋ 1针放2针长针（整段挑针）

1

2

将钩针插入前一行锁针的下面（整段挑起），钩织长针。再次挂线并将钩针插入同一个地方，钩织长针。

V 1针放2针短针（插入针目）

钩织1针短针，再次在同一个针目中钩织短针。

⋀ 2针短针并1针

1

2

钩织2针未完成的短针，然后挂线，从钩针上的3个线圈中一次性引拔出。

2针短针并1针完成了。

⋔ 3针锁针的狗牙针（钩织在长针上）

1

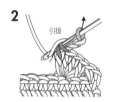

2

3

钩织3针锁针。

挑取长针头部的前面半针和根部上的1根线，钩针挂线并按照图示引拔。

狗牙针钩好了。

⋀ 2针长针并1针

1

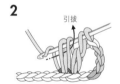

2

3

4

5

钩织未完成的长针，钩针挂线，将钩针插入下一个针目。

挂线并拉出，然后从钩针上的2个线圈中引拔出。这是第2针未完成的长针。

钩针挂线，从钩针上的3个线圈中一次性引拔出。

2针并为1针，"2针长针并1针"完成了。

然后钩织2针锁针，钩针挂线，按照相同要领继续钩织。

带底座的长针的加针

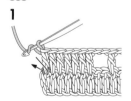

1

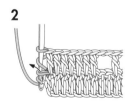

2

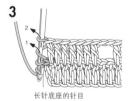

3

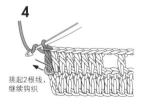

4

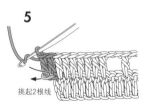

5

钩织至需要加针的长针前面，钩针挂线，将钩针插入同一针目中，挂线并拉出。

钩针挂线，从钩针上的1个线圈中引拔，注意引拔时不要拉伸线圈。这是最初的长针底座。

继续挂线，按照钩织长针的要领引拔。

钩织好了1针带底座的长针。第2针挑起第1针底座的锁针的半针和里山（第1针长针底部的线圈）。

按照步骤2、3的方法钩织所需要的针数。

⬭ 3针中长针的枣形针（插入针目）

1

钩针挂线，在1针中钩织3针未完成的中长针。

2

第3针　第2针　第1针

钩针挂线，一次性从钩针上的7个线圈中引拔出。

3

完成。再钩织1针，稳定针目。枣形针编织符号中，根部是连在一起的，要将所有针目钩织在1针上。

⬭ 3针中长针的枣形针（整段挑针）

1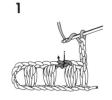

编织符号的根部是分开的，要整段挑起前一行的锁针钩织。

2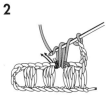

钩针挂线，将钩针插入前一行锁针的下面，钩织未完成的中长针。按照相同要领，再钩织2针未完成的中长针。

3

未完成的3针中长针

钩织完3针未完成的中长针后，钩针再次挂线并从钩针上的7个线圈中一次性引拔出。

⬭ 3针长针的枣形针

1

1针锁针
立织3针锁针
1针锁针　基础针

钩针挂线，将钩针插入前一行（这里为起针行）的针目。

2

钩针挂线，并将针目拉成相当于2针锁针的高度，然后从钩针上的2个线圈中引拔。

3

在同一个针目中再钩织2针未完成的长针。

4

未完成的3针长针

钩针挂线，并从钩针上的4个线圈中一次性引拔出。

5

3针长针的枣形针完成了。

⬭ 5针长针的爆米花针

1

在前一行（这里是起针行）的1针中钩织5针长针，然后取下钩针，第5针保持不变（休针），从织片前侧插入第1针长针的头部。

2

再插入休针的第5针，将其从第1针中拉出。

3

钩织1针锁针使针目收紧。

4

5针长针的爆米花针完成。继续钩织。

⬭ 长针的正拉针

※用钩针挑起前一行针目的整个柱子钩织

1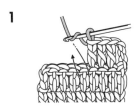

钩针挂线，从前面将钩针插入前1行的长针的底部，全部挑起来。

2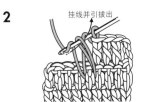

挂线并引拔出

钩针挂线并拉出较长的线。再次挂线，从钩针上的2个线圈中引拔出。

3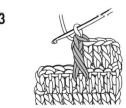

钩针再次挂线，从剩余的2个线圈中引拔出。长针的正拉针完成了。

⌇ 短针的正拉针

用钩针挑起前一行针目的根部钩织

1

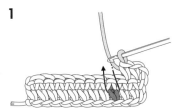

如图所示，从正面将钩针完全插入下面2行根部。

2

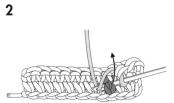

钩针挂线，如箭头所示将线长长地拉出。

3

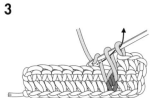

钩针挂线，从钩针上的2个线圈中引拔出（钩织短针）。

4

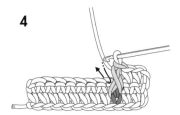

短针的正拉针完成。跳过1针，继续钩织下一针。

⌇ 长针的反拉针

1

钩针挂线，从后面将钩针插入前1行的长针的根部，全部挑起来。

2

钩针挂线并拉出较长的线。再次挂线，从钩针上的2个线圈中引拔出。

3

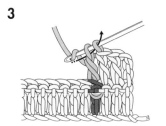

钩针再次挂线，从剩余的2个线圈中引拔出。

4

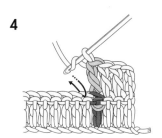

长针的反拉针完成了。跳过1针，继续钩织下一针。

Ⱨ 短针的圈圈针

1

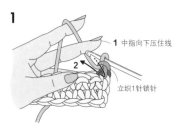

左手的中指放在线上，如图所示将钩针插入前一行短针的头部。

2

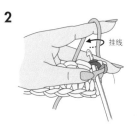

左手中指向下压住线（压住的线将成为圈圈针），按箭头所示将线挂到钩针上。

3

将线拉出。

4

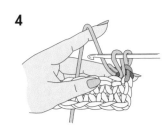

将线拉出后的状态。

5

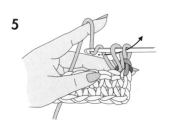

钩针挂线，从钩针上的2个线圈中一次性引拔出（钩织短针）。抽出左手中指，反面的圈圈针就完成了。

6

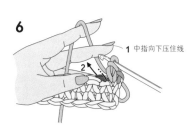

继续按照相同的要领钩织。

7

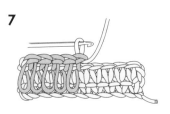

圈圈针出现在反面。（从反面看的情形。）

※反面当作正面用

缝合、接合方法

本书中连接2片织片时，用钩针连接称为接合，用缝针连接称为缝合。

※ 使用其中一侧编织终点的线

短针和锁针接合

将织片正面相对对齐，重复钩织短针和锁针，接合边缘。

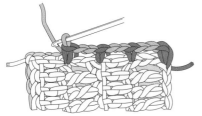

挑针缝合

1

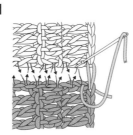

将2片织片正面朝上并列着对齐，用毛线缝针分开端头的针目挑针。

※ 在实际操作中，针目拉紧后是看不见缝合线的

2

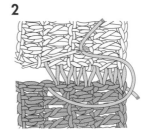

交替挑针，每次挑取2根线。

3

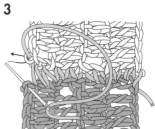

最后如箭头所示插入毛线缝针。

卷针缝缝合（行与行）

1

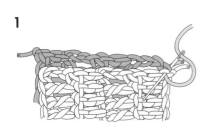

将2片织片正面相对对齐，用毛线缝针挑取锁针起针。

2

从同一个方向插入毛线缝针，2片织片都要分开端头针目挑针，每行长针挑取2~3次，用缝合线一针一针地将织片缝合。

3

终点处在同一个地方重复入针1~2次，使针目收紧。在反面处理线头。

引拔接合

1

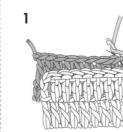

将2片织片正面相对对齐，将钩针插入最终行端头的针目，挂线并拉出。

2

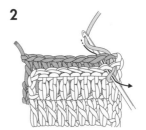

按照步骤1的要领挑针，挂线并引拔。重复此操作。

3

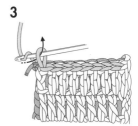

终点处再次挂线并引拔，将针目收紧。

卷针缝缝合（针与针）

1

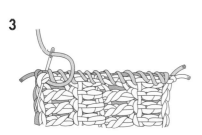

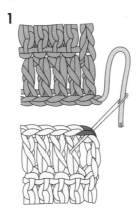

将2片织片正面朝上并列着对齐，分别挑取最终行针目头部的2根线。

※ 也可以挑取头部的1根线进行缝合

2

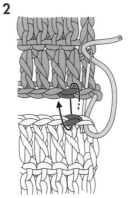

一针一针地挑针缝合，入针方向保持不变。缝合线会原样出现在织片上，要注意线的松紧保持一致。

3

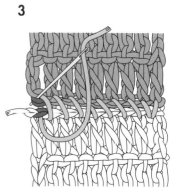

终点处在同一个地方重复入针1~2次，使针目收紧。在反面处理线头。

Wonderful Crochet (NV70600)

Copyright © NIHON VOGUE-SHA 2020 All rights reserved.

Photographers: Yukari Shirai, Noriaki Moriya

Original Japanese edition published in Japan by NIHON VOGUE Corp.,

Simplified Chinese translation rights arranged with BEIJING BAOKU INTERNATIONAL CULTURAL
DEVELOPMENT Co., Ltd.

备案号：豫著许可备字-2020-A-0214

图书在版编目（CIP）数据

奇妙的钩针编织.2 / 日本宝库社编著；如鱼得水译.—郑州：河南科学技术出版社，2022.8
ISBN 978-7-5725-0856-1

Ⅰ.①奇… Ⅱ.①日… ②如… Ⅲ.①钩针–编织–图解 Ⅳ.①TS935.521–64

中国版本图书馆CIP数据核字（2022）第118489号

出版发行：河南科学技术出版社
　　　　　地址：郑州市郑东新区祥盛街27号　　邮编：450016
　　　　　电话：（0371）65737028　65788613
　　　　　网址：www.hnstp.cn
责任编辑：刘　欣　刘　瑞
责任校对：王晓红
封面设计：张　伟
责任印制：宋　瑞
印　　刷：河南新达彩印有限公司
经　　销：全国新华书店
开　　本：889 mm×1 194 mm　1/16　印张：6.5　字数：180千字
版　　次：2022年8月第1版　2022年8月第1次印刷
定　　价：59.00元

如发现印、装质量问题，影响阅读，请与出版社联系并调换。